AF388421

Eyo Roth

Aussprache
über die Menschheit

Auf der Suche nach dem
versäumten Umdenken

Ausgabe Platonakademie

Umschlagentwurf:
Untergang oder Aufgang?

*Dieser dramatische Dialog,
der sich über eine ganze Nacht hinzieht,
ist kein Sachbuch mit Gliederung nach A1, A2 ...,
vielmehr sind die Themen dem
natürlichen Gesprächsverlauf unterworfen.
Was die Mitwirkenden sagen,
kann sich in einer Fortsetzung der Diskussion
und mit Argumenten, die vielleicht der Leser selbst
einbringt, weiter bestätigen, oder aber auch
als falsch erweisen.
Themenvielfalt und Begrenzung des Buches
machen es vielleicht nötig, daß der eine oder
andere Gegenstand noch anderswo nachgelesen
und vertieft wird. Das **Urprinzip** zum Beispiel
finden Sie hier erläutert, aber ausführlicher
erklärt im Hörsaal I und II
der Webseite **www.platon-akademie.de**
Was es mit den „**Unendlichen Ordnungen**"
auf sich hat, geht aus diesem Dialog
nach und nach hervor, aber ausführlich
ebenfalls aus Hörsaal I der Internet-
Platonakademie*

Eyo Roth

Aussprache
über die Menschheit

Übervölkerung der Erde: *Pathologisch entartete Flecken auf dem Globus*
Tierschutz: *Die Würde des Tieres ist unantastbar*
Antwort auf den 11. September: *Religionen werden fusionieren*
Zukunft: *Kein Termitenstaat*

Otto Theobald trifft am Abend Rüd Brück in der Bibliothek

Otto Theobald (optimistisch). Dieses Jahr werde ich einen Vortrag über die Bevölkerungsabnahme halten.
Rüd Brück. Setz dich. Hast du Abnahme gesagt oder Zunahme?
Otto Theobald. Der Titel steht schon fest: „Bevölkerungs*abnahme* und Lebensstandard".
Rüd Brück. Du erklärst deinen Zuhörern hoffentlich auch, daß nur noch die Abnahme der Erdbevölkerung die Biosphäre retten kann.
Otto Theobald. Das darf man leider nicht sagen. Das ist zu ...
Rüd Brück (klappt sein Buch zu). Die Platonakademie trägt aber schon immer die Verantwortung, über die Wirklichkeit aufzuklären! Seit zweieinhalb Jahrtausenden. Nicht Parteiengeflunker ist ihre Aufgabe, sondern Tatsachen nachweisen, vor allem neue Werte, wenn die alten dahin sind.
Otto Theobald. Dafür ist sie auch nie das liebe Kind gewesen.

Rüd Brück. Kommt drauf an, bei wem. Daß immer alles nicht gesagt werden darf, irritiert die Mehrheit. Sie spürt, daß die Welt nicht
in Ordnung ist und daß das vom Mundhalten kommt. Gewiß ist:
Alles kann gesagt werden, wenn es nur ausreichend überlegt ist.
Diskussionen gibt es freilich immer.
Otto Theobald. Es ist eben der Dauerkonflikt mit den Denkgewohnheiten. Immer schreibt das Irrationale den Weg vor. Was gesagt werden darf, was gedacht werden soll, überwachen uralte Mythen.
Kannst du mir da erklären, wie ich für die Erde sprechen soll?
Rüd Brück. Laß dich nicht beirren!
Otto Theobald. Das klingt zwar großzügig. Solange aber die unberührte Natur die Fünfte Welt ist, und „Würde des Tieres“ ein Spottbegriff, kannst du alte Sinnfragen nicht neu beantworten.
Rüd Brück. Ich weiß. In der Ethik hat echte Natur nichts zu suchen,
dort ist Ökologie nicht gern gesehen. Nur ausgedachte Ethik ist gute
Ethik.
Otto Theobald. Die Ökologie wird sich langsam aber sicher durch
die Verkrustungen hindurchboxen. Vorerst müssen wir mit dem
trivialen Kompromiß weiterleben: Die einen klären auf, die anderen
vertuschen, und der Zuschauer macht sich einen Reim darauf.
Rüd Brück. Vertuschen ist ein gefährlicher Zirkus. Die Folgen sind
dramatisch. Man akzeptiert schweigend, daß 25 Millionen ständig
auf der Flucht sind vor Umweltschäden. Wie viele verfaulen förmlich
in den Slums ihrer Megastädte! Wohnraum, Renten und Arbeit werden weltweit unsicher. Die Landwirtschaftsmaschinerie präsentiert
sich gar schon als Naturschutz. Seitens der Industrie drohen gentechnische Risiken, und sie will sogar auf Erbanlagen Patente. Stell dir
vor, an die 30 Prozent des ökologischen Energiehaushalts verbraucht
die Menschheit alleine für sich! Das Klima kommt ins Schleudern,
niemand weiß, wohin. Für 3 Milliarden wird das Wasser knapp.
Parallel dazu soziale Probleme. Zunehmend ersetzt Sprengstoff die
Aussprachen, und die Gesellschaft wird - da hast du völlig recht - zur
Beschönigung der Hemmklötze mit alten Sagen sattgefüttert.
Otto Theobald. Als gäbe es nichts Moderneres! Die Biosphäre ist

freilich mit den Legenden von hohen Ahnen nicht zu retten.

Rüd Brück. Ich kann dir genau sagen, was moderner ist. Faktisch zeigt die Giga-Menschheit alle typischen Symptome einer ganz banalen Schädlingsplage, wie wir sie zur Genüge kennen. Durch sie ist das komplexe ökologische Gewebe der Biosphäre pathologisch entartet. Zu deinem Vortrag habe ich deshalb eine Frage. Welche Nachricht kommt schneller an im Gewissen des Menschen: die von seinen Sünden - oder sein Gesicht im Spiegel?

Otto Theobald. Sein Gesicht im Spiegel.

Rüd Brück. Es ist nämlich vergeblich, den Schutz der Biosphäre nur zu fordern. Das ruft kein Gewissen wach. Die *Schuldfrage* mußt du klären. Nicht nur ein Gemisch aus Willkürwirtschaft, höherer Gewalt und lahmgelegtem Naturschutz zerstört die Ökosysteme, sondern unsere verhängnisvolle Übervermehrung ist es. Sie ist eine erdge-schichtlich einmalige Öko-Pathologie.

Otto Theobald. Du verwendest für Entartung das Wort Pathologie. So wie man zu einem technischen Prozeß auch Technologie sagt, oder wie?

Rüd Brück. Ja. Wir brauchen gegen das eingleisige Zerreden bündi-ge Begriffe. Ich will zweierlei sagen: Erstens ist die (unberührte!) Natur kein geschaffener Organismus, sondern ein von selbst entstan-dener, der wie jeder Organismus durch innere Wucherungen krank wird. Und zweitens: Der einzelne Mensch trägt keine Schuld an dem, was Milliarden seiner Art anrichten. Er allein wäre völlig gutartig. Auch der einzelne Borkenkäfer ist ja überhaupt unschädlich.

Otto Theobald. Sag das noch einmal. Die Milliarden-Menschheit eine Schädlingsepidemie, aber ich bin kein Schädling?

Rüd Brück. Ja. Du allein kannst nichts großes anstellen. Was Über-population genau heißt, geht im Mythenglauben unter. Auch daß die Ökologie eigentlich von der *unberührten* Natur handelt.

Otto Theobald. Wie der Geist der Mythen die (echte) Ökologie ausblendet, hat übrigens jüngst eine Dokumentation bewiesen: Bei einem Fest zu Ehren der Mutter Erde binden Indianer einen Kondor auf einem Stier fest, und in seiner Angst zerhackt der Kondor den rasenden Stier. So feiert man ökologische Gesetze. „*Wir* verstehen die Natur wissenschaftlich richtig", heißt es bei uns. Aber rechtfertigt nicht bei uns die Auslegung des Bibelwortes „seid fruchtbar und mehret euch" die viel schlimmere Zerstörung sämtlicher Urwälder? Also auch hier der Mythos.

Rüd Brück. Die ganze Menschheit hat dieses Problem. Über ihre Ahnen tief zerstritten, führt sie ja auch immerzu Vernichtungskriege.

Otto Theobald. Ein Irrenwitz. Von einer epidemischen Entartung der Milliarden-Menschheit wird da also keine Rede sein können . . .

Rüd Brück. . . . obwohl doch längst jeder im stillen so etwas denkt.

Otto Theobald. Die gängige Philosophie lehrt: Ohne den Menschen wäre aus der Natur nichts Vernünftiges geworden. Die Natur gilt vielen immer noch als wirrer Haufen von Lebewesen, den erst der Mensch ordnen und veredeln soll. Das ist zwar nicht so - Veredelung ist hier barer Unsinn -, aber wer weiß das schon? Das ist übrigens ein Thema in meinem Vortrag.

Rüd Brück. Sehr gut, wenn das mal einer zur Sprache bringt.

Otto Theobald. Die Ökologie hat deshalb eine stark religiöse Dimension. Sei greift in die religiöse Weltanschauung ein.

Rüd Brück. Bedenke aber auch, daß sie erst beachtet wird, wenn sie auch wirklich die Weltanschauung gestaltet! Als in den siebziger Jahren die Ökologie der Wirtschaft unbequem wurde, versuchte man auf dem schnellsten Wege, die Eingriffe in die Natur zu verniedlichen. Die Ökologiegegner schoben aufgeregt unsere gezüchteten Nutzpflanzen, Gartenblumen und Haustiere vor und nannten sie Natur, einfach um auch landwirtschaftliche Kulturen noch als Natur etikettieren zu dürfen, Weizenfelder, Maisplantagen - und siehe, der Mensch fühlte sich selbst wieder als Schöpfer, als Maß aller Dinge, was ihm immer schmeichelt. Das ist es doch, was du meinst.

Otto Theobald. Genau. Man hat heimlich das von uns Geschaffene, sozusagen die Kultur, Natur genannt, um die Ökologie in eine Kulturwissenschaft zu verwandeln. Dadurch fallen die Gesetze der unberührten Natur nicht auf.

Rüd Brück. Der Trick funktioniert nur kurze Zeit. Er erinnert an die sowjetische Neufassung der Geschichtsbücher, als man die Wirklichkeit der Ideologie anpassen wollte.

Otto Theobald. . . . dasselbe in Grün . . .

Rüd Brück. Unser verständlicher Wunsch ist es, an der Natur etwas verbessern zu können. Seien wir ehrlich: Den Wunsch erfüllt sie uns nicht. Der Mensch kommt mit den komplexen ökologischen Systemen, die nur kaputt gehen, wenn er sie verändert, nicht zurecht. Wir leben in einer geschaffenen, manipulierbaren Kulturwelt, und so neigen wir unbewußt zu dem Glauben, auch die Natur müsse geschaffen sein. Eine geschaffene Natur kommt uns vertraut vor, eine von selbst gewordene fremd. Der Mensch hätte gern eine andere Natur, die nicht so kompliziert ist. Aber die gibt es nicht.

Otto Theobald. Welcher Laie kann schon einen Computer verbessern, wenn er ihn einfach verändert? Verändern ja, aber was bleibt, sind Störungen.

Rüd Brück. In den Augen der Ökologie, die ja von den Gesetzen der *unberührten Natur* handelt, ist der Mensch plötzlich nicht mehr der Herr der Natur, sondern nur ein abhängiges Mitlied unter Millionen Arten, dem Tier gleichgestellt. Das verdirbt ihm den Urtraum vom Vorrecht. Deshalb ist ihm diese Wissenschaft unerwünscht, ihre Duldung ein Horror.

Otto Theobald. Auch das. Aber glaub mir, viele sind auch einfach nur besorgt, die Weltordnung könnte dem rationalen Denken in die Hände fallen. Manche dementieren leidenschaftlich die Kompetenz des Verstandes. Verbindliches Denken ist für sie zu wenig Dichtung, enthält zu viel Klarheit, ist zu unangreifbar. Daß menschliches Erkenntnisvermögen begrenzt sei, ist biblischer Schöpfungsglaube. Ich finde, wer am Verstand zweifelt, macht die Seele verrückt. Wer nämlich die Ratio wegdiskutiert, will selber durchaus unbedingt, daß er damit eine rationale Wahrheit verkündet.

Rüd Brück. Um nicht aneinander vorbeizureden: Der Begriff Vernunft ist bei uns durch das Urprinzip überflüssig geworden. Verstand und Vernunft ist seitdem dasselbe. Beides nennen wir Ratio.

Otto Theobald. Wir bleiben dabei. - Und noch einmal: Sollen

Mythen von den Erzvätern etwa nichts aussagen? Doch, sie sollen!
Aber jede Aussage ist Logik. Prüfst du sie jedoch logisch, erklärt
man dir, daß Logik für solche Dinge nicht zuständig sei. Du kannst
dich also nur schwer verständigen. Die Platonakademie tut sich halt
mit dem Urprinzip leicht. Wir wissen, daß das Wesen aller Dinge
logisch-mathematisch ist und für die Sinne transzendent.
Rüd Brück (denkt einen Augenblick nach). Ja, im unsichtbaren
Hintergrund. Ich weiß, man fürchtet eine Mechanisierung des Geistes
durch den Verstand. Wenn das Drama der Weltgeschichte nicht Poe-
sie ist, sondern „ein kaltes Schulstück" - wie viele interessiert es
dann? Nein, „ganz von der blühenden Chaotik des Lebens überwu-
chert" soll es sein, „von genialer Hand entworfene Dichtung".
Otto Theobald. Hat das einer geschrieben?
Rüd Brück. Friedell.
Otto Theobald. Ach so, das Buch, in dem du liest. Mit der Menschheit kannst du so nicht klarkommen. Vor dem logischen Verstand als
einer Gefahr für den Geist zu warnen, führt zu keinem Resultat, denn
Verstand ist selber Geist, und je mehr er fassen kann, je tiefer er in
das Wesen der Dinge vordringen kann, desto besser bewährt er sich.
Oder etwa nicht?
Rüd Brück. Man verwechselt etwas. Man hält rational für maschinell, und maschinell für dampfgetrieben, und ist bei so viel Blech
zutiefst bestürzt.
Otto Theobald. Es ist eben unzureichend bekannt, daß das Urprinzip
der Platonakademie wahrscheinlich das *gesamte* Sein zu fassen im-
stande ist, das interessanterweise reiner transzendenter Geist ist und
dennoch - als ihr Ursprung - unsere sichtbare Welt einschließt. Damit
löst sich der Materialismus in eine Scheinlehre auf. So viel konnte
die Ratio immerhin leisten.
Rüd Brück. Das ist echtes Ganzheitsdenken. Dichtung ist dagegen
Intuition, kein Ganzheitsdenken. Ganzheitsdenken ist Verstandessa-
che, von Intuitionen nur getrieben. Dichtung verherrlicht die
Menschheit und übersieht ihre Natur. Erst dem Verstand fällt auf,
daß sie im ökologischen Gewebe pathologisch und pathogen ist.

Zu wissen, daß alle Übervermehrungen grundsätzlich dieselben pathologischen Symptome haben - beim bösartigen Tumor beobachten wir Parallelen - verdanken wir dem Ganzheitsdenken. Die Symptome sind: Umleitung des Energiehaushalts an die eine, übervermehrte Art - Ausrottung anderer Arten - Metastasenbildung - Gift verströmende Infektionsherde - Ausbreitung von Wüsten, sprich Absterben von Gewebe. Das Bösartige ist dabei immer die Populationsdichte. Nicht der Einzelne.

Otto Theobald. Womit wir noch einmal bei der Frage wären.

Rüd Brück. Du meinst, ob der einzelne Mensch schuldig ist? Ist er nicht. Denn der normal lebende Einzelne, wie du, der Auto fährt, CO_2 und Müll erzeugt, ein Haus baut, zerstört mit dem bißchen kein ökologisches Netz. Was er zum Dasein braucht, gewährt ihm das Ökosystem ohne Schaden. Alle Lebewesen dürfen von der Natur nehmen, was sie brauchen, und hinterlassen Fäkalien, atmen CO_2 aus. Auch ein Biber fällt Bäume, auch ein Maikäfer frißt Kastanienblätter. Von Natur aus ist er selbst deshalb kein Schädling. Aus halbem Sachverständnis nennen wir ihn so. Auch den Kartoffelkäfer, auch die Heuschrecke würde man ja, wenn sie gefährdet wären, ohne zu zögern unter Schutz stellen. Selbst wenn übermäßiges Vorkommen zur Katastrophe wird, bleibt der Einzelne weiterhin doch das harmlose, schützenswerte Tier. So läßt sich allgemein die Würde des einzelnen Lebewesens nicht wegen der Zahl seiner Artgenossen in Zweifel ziehen. Ich kann dich nicht Schädling nennen, nur weil Milliarden, die du nicht einmal kennst, die Erde entlauben, die Böden zur Wüste machen. Das wäre eine Beleidigung. Aber wer das nicht überlegt, wird schwer begreifen, wie die jetzige Bevölkerung der Erde, wenn der einzelne Mensch gar kein Schädling ist, überhaupt eine Schädlingsplage sein kann.

Otto Theobald. Das Thema ist tabuisiert. Solange ein brisantes Thema sprachlich nicht ausreichend bewältigt ist, bleibt es tabu. Ich muß auch einmal erwähnen, daß manche Bevölkerungswissenschaftler die Ökologie nicht bewältigt zu haben scheinen, sonst würden sie die Menschheit anders einordnen. Sie würden sie funktional, nicht nur beiläufig, der echten Ökologie unterordnen.

Rüd Brück. Demographen sind oft Anthropozentriker aus Tradition.

Otto Theobald (nachdenklich den Finger am Kinn). Einen Maikäfer zu vergiften, weil Tausende andere den Wald entlauben, widerspricht also schlicht und einfach der ökologischen Ethik . . .

Rüd Brück. . . . die noch nicht geschrieben ist! Die Käfer einzeln zu töten, ist zumindest ungerecht, außer, natürlich, sie greifen dich an. Notwehr ist etwas anderes. Ein Käfer behält, wie gesagt, immer seinen Daseinsanspruch als Lebewesens. Hilfsaktionen in der Dritten Welt sind zum Beispiel ethisch dringend geboten, denn der Einzelne, das Kind, seine Mutter, sie leiden alle sinnlos unter der Übervölkerung dieses Unglücksplaneten, und sind zu bedauern.

Otto Theobald. Dann bleibt uns also nur die Ursachenbekämpfung.

Rüd Brück. In der Konsequenz die Kontrolle der Geburtenziffern.

Otto Theobald. Genau die. Du meinst kontrollierte Befruchtung. Abtreibung wäre ja auch wieder nur das Töten unschuldiger Individuen.

Rüd Brück. Nichts anderes. Jegliche Maßnahme wurde aber bisher vom Schöpfungsmythos abgefangen, dem noch keine Wissenschaft gewachsen war. Er bewahrt die Überpopulation des Menschen vor kritischer Analyse.

Otto Theobald. 1977 hat Paul Leyhausen in einem Gespräch darauf hingewiesen, daß die Menschheitsprobleme nicht ohne Berücksichtigung der Übervölkerung durchdacht werden können. Aber man stellte sofort auch fest, das sei tabu. Von Schädlingsplage reden - unvorstellbar! Wie gesagt, das liegt daran, daß das Thema Öko-Pathologie sprachlich nicht vorbereitet ist. Rein sprachlich ist der Mensch weit besser vertraut mit Legenden von Vorfahren, die angeblich Verbindung zu den Göttern hatten, als mit ökologischen Gesetzen und molekularbiologischen Strukturen.

Rüd Brück. Sprachlich ist der Themenkreis nur deshalb nicht bewältigt, weil er inhaltlich nicht bewältigt ist. Erst sobald man weiß, daß zwischen Menschheit und einzelnem Menschen ein funktionaler Unterschied besteht, ist die Grundfrage sachlich ausgeleuchtet und

formuliert, und erst damit verläßt das Thema Öko-Pathologie in der
Bevölkerungswissenschaft den Tabu-Status. Leider hinterließ die
Philosophie des zwanzigsten Jahrhunderts kaum mehr als schwärme-
rische Rückblicke auf sich selbst.

Otto Theobald. Aus purer Angst, sie könnte etwas Unpoetisches
entdecken. Da hatte sie einen siebten Sinn.

Rüd Brück. Die Beschäftigung mit sich selbst entschärfte ihren traditionellen Konflikt mit den Religionen.

Otto Theobald. Bereits das zwanzigste Jahrhundert hätte eigentlich,
mit der Ökologie in der Hand, die Kritik des Anthropozentrismus
entwerfen müssen, nicht erst das jetzige. Um aus der Tiefsee der
Jahrmillionen aufzutauchen, haben freilich die hundert Jahre nicht
gereicht.

Rüd Brück. Nachdem sich keine Universität dafür interessiert, greift
es die Platonakademie jetzt auf. Seit die Christen die Platonakademie
verboten haben, fehlt der Lotse. Man irrt ohne Richtlinie von jenem
Bibelwort zum ökologischen Menschenbild, und vom ökologischen
Menschenbild wieder zurück zum Bibelwort.

Otto Theobald. Du bestätigst meine These, daß das zwanzigste
Jahrhundert eine Neubewertung der Menschheit fürchtete. Nietzsche
sah am Horizont die Umwertung aller Werte aufsteigen. Aber worin
könnte sie bestehen? Sie wird ja verschleiert. Seit die Ökologie
sichtbar zu machen droht, wie abhängig, wie wenig souverän der
„göttliche" Mensch im Verbund des Lebens ist, erzieht die Wirtschaftswelt die Philosophie zur braven Jasagerin.

Rüd Brück. Tja, im Mittelalter war die Philosophie die Magd der
Theologie. Jetzt soll sie zwar der Ökonomie als Magd dienen, aber
die Ökonomie ist selbst Magd des mythischen Menschenbildes, und
so blieb es bis jetzt beim Mittelalter.

Otto Theobald. Ernsthaft beargwöhnt wird aber die Philosophie -
das muß ich gerechterweise einwenden - nur hoch oben in den Ad-
ministrationen der Menschheit. Sie schicken den Segelwind. An der
Pforte unten pfeift man aber auf die Windrichtung. Dort werden einfach Kirchenaustritte erklärt. Eine CSU-Studie hat 2002 die konser-

vativsten Christen aufgeschreckt: Bei den 16- bis 34jähren rangieren die Kirchen hinter den Parteien, die selbst nur noch bei 14 Prozent Vertrauen genießen.

Rüd Brück. Siehe da, die Realität überholt die alten Werte ganz von selbst.

Otto Theobald. Was *nicht* von selber kommt, das sind die neuen.

Rüd Brück. Wundere dich also nicht, wenn ich den Wortschatz überprüfen will. Der alte reicht nicht für das Augenmaß: Unbegrenztes Wachstum = chaotische Wucherung, diese Gleichsetzung läßt die Wirtschaft niemals zu, da muß erst eine neue Weltanschauung Platz greifen, in der die Ökologie die Maßstäbe setzt.

Otto Theobald. Ich wundere mich ja nicht.

Rüd Brück. Die Symptome der Naturzerstörung, heißt es bei den Preisgekrönten, seien doch um Gottes willen nicht entfernt die einer Epidemie. Das sei die geschmacklose, dreiste Spitzfindigkeit des naturwissenschaftlichen Materialismus. Aber jede Art, Otto, besitzt den Instinkt, sich irgendwie zu rechtfertigen, und die Menschheit redet sich am liebsten mit himmlischer Herkunft heraus. Die Wirklichkeit kümmert sich indessen nicht um Memoiren.

Otto Theobald. Ich fürchte, demnach steht uns eher eine vernichtende Immunreaktion des ökologischen Riesenorganismus ins Haus als eine rosarote Zukunft. Mit diesem Schreckensbild müssen wir uns künftig herumschlagen.

Rüd Brück. Niemand schafft durch Schweigen diesen Verdacht aus der Welt.

Otto Theobald. Ich erwähne es deshalb, weil die Natur noch immer alle Gleichgewichtsstörungen erfolgreich bekämpft hat. Warum soll nicht auch der Menschheit eine Regulierung drohen? Wenn sich die Feldmäuse übervermehren, können die Bussarde mehr Jungvögel großziehen, es werden also mehr Mäuse gefressen, die Population der Mäuse kehrt wieder zum ökologischen Normalmaß zurück. Im Anschluß daran ziehen die Bussarde weniger Jungvögel groß und auch ihre Population nimmt wieder das normale Maß an.

Rüd Brück. Einfach und genial.

Otto Theobald. Meinst du? Die Natur betreibt hier aber die Bekämpfung einer Ökopathologie dadurch, daß sie gegen die einzelnen Individuen vorgeht. Haben wir nicht festgestellt, daß sie nichts dafür können?

Rüd Brück. Du mußt folgendes bedenken: Sie zertritt die Mäuse ja nicht achtlos, sondern diese dienen als Nahrung, werden also im ökologischen Kreislauf verwertet. Ein wichtiger Unterschied. Daß Mäuse sowieso Beutetiere sind, von Natur aus zum Gefressenwerden bestimmt, rechtfertigt das Vorgehen der Raubvögel. Du siehst aber schon beim Bussard, daß seine Regulierung anders läuft. Er ist kein Beutetier, seine Individuen werden normalerweise nicht gefressen, und wenn er sich vermehrt hat, kehrt er ebenfalls nicht dadurch wieder zur alten Population zurück, daß nun Bussarde gefressen werden, sondern es werden einfach weniger großgezogen. Beim Raubtier herrscht eher Ursachen- als Symptombekämpfung.

Otto Theobald. Also doch genial.

Rüd Brück. Beim Menschen ist es, mit den Augen der Natur gesehen, leider zweideutig. Er war in der ökologischen Epoche seines Daseins weder eine eindeutige Beutetierart noch eindeutig eine Raubtierart. Demnach, sollte man meinen, kann die Natur den Menschen wahlweise auf die primitive oder auf die feinere Art dezimieren, wenn er so weitermacht. Wir wissen es nicht. Falls seine Population künftig dadurch zurückgeht, daß sie auf diesem Planeten nichts mehr zu beißen und zu nagen findet, ist diese Art von Bekämpfung kein Angriff des Ökosystems auf die einzelnen Menschen, sondern selbstverschuldetes Schicksal. Es ist dann eher so wie beim Bussard, der keine Jungen mehr großziehen kann.

Otto Theobald. Ich glaube, du theoretisierst da zu viel. Wie die Natur den Menschen behandeln wird, können wir nie sagen, auch nicht, zu welchem Zeitpunkt sie mit einer Ausrottungskampagne anfängt. Wir sollten mit unserer Selbstreduzierung zuvorkommen, sonst darf sich niemand wundern, wenn eine Katastrophe passiert. Die ist dann hausgemacht. Wir erzwingen sie mit unserem Anthropozentrismus. Du beobachtest überall, wie selbstverständlich die Vorrechte des

Menschen verteidigt werden.

Rüd Brück. Ich mißtraue dem HIV-Virus. Aids könnte eigentlich vermieden werden, und dennoch breitet es sich monoton aus.
Die Zahlen sind ein Horror.

Otto Theobald. Die Lösung läge in der *gleichzeitigen Selbstreduzierung der gesamten* Menschheit durch freiwillige Geburtenplanung.

Rüd Brück. Richtig. Aber dazu ist es verdammt spät. Ein Bildungsproblem blockiert die Entwicklung.

Otto Theobald. Ob zu spät, das ist die große offene Frage. Jedenfalls: Das Problem der Übervölkerung kann nicht lokal angepackt werden, indem man etwa sagt: Deutschland oder Italien oder England ist übervölkert, also setzen wir dort den Hebel an. Meines Erachtens muß global, im Konsens aller Völker, mit einer Geburtenplanung begonnen werden.

Rüd Brück. Das scheint mir auch so. Nicht aber den Theologen.

Otto Theobald (ringt die Hände). Allmählich fühlt man sich von den Problemen eingekesselt und überfordert. Krankheit, Armut, Alterssiechtum, Terror und Krieg, Glaubenskriege, Unnachgiebigkeit rund um den Globus. Pazifisten werfen mit Steinen. Dem Islam gilt Krieg als Frieden. Weltweit keimt anscheinend aus der Sprachverwirrung der Kampf aller gegen alle. Zum Überfluß jetzt auch noch eine Bedrohung durch die Natur. Das ist nicht durchzustehen.
Drum das große Augenschließen.

Rüd Brück. Ja, es ist kaum zu bezweifeln, daß die Menschheit mit solchen Schwächeerscheinungen zu erkennen gibt, daß sie schon in der ökologischen Krise festsitzt. Die Öko-Pathologie *kann* nicht ohne innere Folgen für die Giga-Gesellschaft bleiben.

Otto Theobald. Ja, ja, wie sollte sich die Menschheit eine innere Stabilität erhalten?

Rüd Brück. Schau dir unsere labilen Sozial- und Wirtschaftssysteme an, dann spürst du, daß das angerichtete ökologische Chaos auf den Verursacher zurückschlägt. Und zum Schluß schickt der ökologische Organismus dann von außen einen Virus in diese geschwächte Menschheit. So etwas beobachtet man bei kranken Pflanzen:

Der inneren Schwächung folgt der Parasitenbefall. Die Staatsverfassungen sind auf die ökologische Bedrohung kaum in praktikabler Weise vorbereitet. Die Oppositionen in den Parlamenten beschäftigt nur - ich gebrauche bewußt das Wörtchen „nur" - der Profilierungskampf. Erst in zweiter Reihe kommen dann, aber fest im Griff der Rangordnungskämpfe, auch Sachthemen. Es ist nicht anders als in vorgeschichtlicher Zeit. Lies mal Eibl-Eibesfeldt, der Spezialist für dieses Thema wurde, und Jane Goodall, die unter Schimpansen lebte. Schimpansen führen uns vor, wie der Streit um Rangordnungen die Gemeinschaft beherrschte. Rangordnungskampf ist ein Verhaltensmuster, das unsere eigentlichen geistigen Fähigkeiten überhaupt in ein falsches Licht taucht.

Otto Theobald. Daß die Sache vor der Profilierung zurücksteht, ist bekannt. Du kannst zuschauen, wie die Massengesellschaft ihr Bild durch immer neues Wachstum zu profilieren versucht, genau durch den Prozeß also, der die Öko-Pathologie verursacht. Es ist, wie wenn einer, wenn er stolpert, sich durch Weiterstolpern zu fangen sucht. Wir haben eine ausweglose Situation.

Rüd Brück (winkt ab). Ausweglos eben nur, weil man beim Entwikkeln von Problemlösungen nach irrationalen Prinzipien greift.

Otto Theobald. Leider vermögen die Naturwissenschaften nicht mit den alten Mythen zu konkurrieren. Als die Philosophie, die Metaphysik, versagte, die anfänglich auch den Mythos rational überwinden wollte, übernahm die empirische Naturwissenschaft die Führung. Auch sie - und damit die ganze Bemühung der Neuzeit - steht, obwohl mit Zagen und Klagen, unter dem Zeichen der Überwindung der Mythen. Hatten die Metaphysiker aber, ausgerüstet mit viel zu viel Phantasie, die Fakten nicht beachtet, so haben die Naturwissenschaftler zu wenig Phantasie und schaffen dafür Fakten über Fakten. Das läßt die Mythen ganz und gar kalt. Die Menschen freilich würden lieber mehr erfahren als nur Fakten.

Rüd Brück. Wir sind uns da völlig einig. Ohne ein Prinzip aller Dinge können weder Metaphysiker noch Naturwissenschaftler die eigentlichen Grundlagen beurteilen, auch nicht die des Menschseins.

Die Naturwissenschaften haben sicher unseren Horizont riesig erweitert. Weil sie aber mit ihren Faktensammlungen philosophisch unergiebig bleiben, sind sie für den Menschen nicht das A und O. Wie soll man auch . . .

Otto Theobald. . . . den Mittelpunkt der Erde mit Schaufel und Pickel ausgraben!

Rüd Brück. So ähnlich. Er ist aber das Ziel unserer philosophischen Neugier. Du schaffst es nur mit einem Urprinzip, einem handlichen Ur-Axiom, das allem zugrunde liegt und das jedermann versteht. Wie wir ja seit langem wissen, liegt das Prinzip aller Dinge in dem berühmten Phänomen der von selbst fließenden Zeit verborgen. Wen wundert es? Die Zeit ist offenbar das „Ding an sich" der Philosophen, aus dem alle mannigfaltigen Erscheinungen und die Naturgesetze hervorgehen. Am Ende des Altertums verbot man das Nachdenken und zwang die Platonakademie, ins Exil zu gehen, aber sie kehrte nun mit einer Erklärung für das Wesen der Zeit zurück, die nicht nur den Weg zu den Naturgesetzen, sondern auch zu den religiösen Fragen frei macht. Mit ihr wird klar, daß es eine kosmische Rangordnung Gott - Mensch - Tier nicht geben kann. Das Tier ist nicht der letzte Nachzügler, wie der Mythos verlangt, sondern ist vor dem Weltprinzip dem Menschen gleichgestellt.

Otto Theobald. Leider muß jeder erst einmal wahrnehmen, daß das Wesen der Dinge in dem Zeitpunkt verborgen liegt, den meine Armbanduhr anzeigt, in meiner *Gegenwart* also. Das wird ein langer Lernprozeß: Die Zeit auf der Uhr ist zwar für jedermann eine Zahl, wie er ständig sieht, aber Zahlen haben doch eigentlich *von sich aus* feste Werte - die Uhrzeit aber ändert sich gerade *von sich aus*! Welche reine Zahl, fragt man sich, ist so verrückt? Keine. Jedenfalls keine normale. Aber die Zeit ist ja auch eine *physikalische* Größe! Daß sie nicht stehen bleibt, kommt daher, daß man zur augenblicklichen Uhrzeit nichts hinzuzählen darf außer Null, weil man sonst buchstäblich in die Zukunft käme. Wir nennen das das Urprinzip - das alles zusammen, Brück, begreift einer so langsam, wie ein ausgetrockneter Ackerboden das frische Wasser.

Rüd Brück. Umsonst wurde die Platonakademie nicht neu gegründet. Wir haben da eben etwas Neues vor uns, das völlig ungewohnt ist: eine von unserem Denken „unabhängige Variable".

Otto Theobald. Eine gewisse Paradoxie ist es bestimmt, wenn jeder ein Prinzip aller Dinge sehen will, das ihm helfen könnte, Grundfragen zu ordnen, aber er stellt sich darunter etwas Schwammiges vor, und wenn es endlich vor ihm steht, fehlt die nötige Sensibilität. Viele mißtrauen ihm, weil sie es nicht kennen. Die meisten aber beachten es gar nicht erst, weil sie ihm mißtrauen - da klafft eine Gletscherspalte zwischen der Mehrheit hier, mit ihren Glaubenssätzen, und einer Minderheit dort, die endlich etwas Prinzipielles hören will.

Rüd Brück. Unendlich viel Neues ist schon zerschreddert worden, ehe es noch die Öffentlichkeit erreichen konnte. Das Neue war immer schon eine besorgniserregende Sache, und zwar weniger für den Einzelnen als für seine Freunde.

Otto Theobald. Dabei ist der Mensch doch von Natur aus neugierig! Alle müßten das Neue begrüßen.

Rüd Brück. Hinter der Aversion steckt ein ganz einfaches psychologisches Phänomen. Ich kann es dir erklären.

Otto Theobald. Wir haben Zeit.

Rüd Brück. Jeder hütet ja in der Gesellschaft einen Rangordnungsplatz, den er sich erobert hat. Oder stimmt das vielleicht nicht ganz allgemein?

Otto Theobald. Freilich stimmt das.

Rüd Brück. Mit angeborenem Identitätsbewußtsein hütet er seine Rolle. Sie ist das, was man von ihm erwartet. Sein Platz in der Hierarchie. Der Rollenfilz ist aber so fundamental eingespielt, daß ihn kaum jemand überhaupt wahrnimmt. Wenn ich nun in dieser so aufgebauten Gesellschaft irgend einen vertrete, der etwas Neues weiß, falle ich mehr oder minder aus der Rolle.

Otto Theobald. Das ist gefährlich für dich.

Rüd Brück. Meine bisherigen Freunde rücken dann sofort unbewußt zusammen, um nicht ebenfalls aus der Rolle zu fallen, und bilden dadurch automatisch eine Front gegen das Neue, und ich vernehme um mich herum nur ein Kopfschütteln, weil Kopfschütteln nicht aus der Rolle fällt. So ist der Ranginstinkt immer der schleichende Tod der Innovationen. Und nun stell dir da mitten drin das Urprinzip vor! Daß es eine einfache Möglichkeit geben soll, alle Naturgesetze und noch viel mehr aus einem einzigen Gesetz abzuleiten, kommt so unerwartet, daß man versteht, wenn erst einmal nur Paradoxes geschieht. Die Philosophie hat sich darauf eingeschworen, daß man *nichts wissen kann.* Und das Gewicht der Platonakademie? Die Akademie ist jetzt ein Halm im Eichenwald der Universitäten. Welches Vertrauen, welcher Rang wird ihr da wohl eingeräumt?

Otto Theobald. Gar keiner.

Rüd Brück. Also wird kein Echo zu hören sein, nur das Rauschen in den Kronen.

Otto Theobald. Wie nur die Wissenschaft so am Prestige hängen mag, wo die Menschheit doch wirklich kein Augenschließen mehr verträgt!

Rüd Brück. Das ist eben die ur-menschliche Furcht vor der Macht des Verstandes, der selbst eine Rollenhierarchie zerstören kann. Leidenschaftlich hetzt die Angst das vernunftbegabte Wesen immer wieder auf die Logik los, wie auf eine allegorische Bestie, und wird ihr gefährlich. Jederzeit ist Logik Volksverhetzung, wenn das nur einer sorgenvoll so sehen mag.

Otto Theobald. Bei dem Irrenwitz muß der Hominide Mensch mit einer Schlammlawine rechnen. Ich glaube, es wird auch Zeit, daß ich mir solche Fragen vornehme. Ich habe mich immer nur arglos mit der mathematischen Seite des Urprinzips beschäftigt.

Rüd Brück. Fang' an damit!

Otto Theobald. Vor allem, wenn uns ein Virus droht, schrillt in mir die Alarmglocke. Das HIV hat ja ungemein listige Eigenschaften. Schon daß es dort ansetzt, wo der Mensch am leichtsinnigsten ist. Wie wenn die Natur Strategien entwickeln könnte. Als ob sie die Intelligenz eines Schachspielers hätte.

Rüd Brück. Ein entsetzlicher Schlag wäre das. Ich habe schon manchen mißtrauisch reden hören, das Aids-Virus könnte ein Gift der

Natur gegen die Menschheit sein. Inzwischen hat es 40 Millionen infiziert, über ein halbes Prozent. Wie leicht kann ihm eine Mutation Flügel geben. Wenn es erst durch die Luft übertragen wird, ist nichts mehr zu retten, nichts bleibt von uns übrig. Vielleicht überleben auf einer Insel im Pazifik ein paar Analphabeten, die nicht mehr wissen, was vor ihnen war.

Otto Theobald (lehnt sich zurück). Wer weiß, wo die Natur die Schmerzgrenze zieht. Die Reduzierung der Menschheit muß anders geschehen.

Rüd Brück. Mir graut davor, daß das Mundhalten der Verantwortlichen die Kräfte der Natur schon provoziert haben könnte.

Otto Theobald. Wer ist das, „die Verantwortlichen"!

Rüd Brück. Die oberen Ränge.

Otto Theobald. Schade um unsere Errungenschaften, die Sichtbarmachung des Unsichtbaren, die Landung auf dem Mond, die Kunst. Das alles gehört ja nicht zum pathologischen Bild.

Rüd Brück. Nein, diese Dinge sind Produkte einzelner Menschen und kleiner Gruppen, die ihre Ideen der Menschheit schenken wollen. Die Platonakademie gehört auch dazu. Der Mensch an sich ist gewiß das ideelle Ziel aller biologischen Entwicklungen in den Unendlichen Ordnungen, und er hinterläßt in unserem Universum großartige Dinge und Werte, die er nun freilich leichtfertig einer Menschheit hinblättert, deren Irrsinn er nicht zu bemerken scheint.

Otto Theobald. Er muß eben, unbeeinflußt von veralteten Weltanschauungen und Emotionen, seine Zukunft in die Hand nehmen.

Rüd Brück. Tut er nicht. Wie du sagst, es herrscht noch auf Jahrzehnte hinaus keine öffentliche Einigkeit über das Prinzip aller Dinge. Einigkeit bräuchten wir dringend wegen konkreter ökologischer Probleme, des Klimaproblems zum Beispiel, zu dem die USA die Schultern zucken. Christentum und Islam repräsentieren die Hälfte der Menschheit und schauen seelenruhig zu, wie durch Mißachtung der ökologischen Gesetze die Wüsten des Planeten wachsen. Sich auf das Denken in Begriffen umzustellen, statt mit Legenden zu hantieren, fällt allgemein schwer. Wilhelm Nestle beschrieb schon 1940 den steinigen Weg vom Mythos zum Logos. Wie viele Wissenschaftler kuschen selbst in jüngster Zeit noch vor den ältesten Propheten!

Otto Theobald. Wie meinst du das?

Rüd Brück. Wie ich das meine? Auch die moderne Wissenschaft hat noch nicht die Nabelschnur durchgebissen. Formuliert sie irgendwo eine Würde des Tieres?

Otto Theobald. Bisher nicht, soviel ich weiß.

Rüd Brück. Achtung vor dem Leben verdient nur der Mensch. Man macht keine Experimente mit seiner Würde. Aber mit der des Tieres. Du brauchst nur ins frömmste und zugleich tierfeindlichste Land zu schauen, nach Spanien, wo sie Hunde, die nicht mehr können, an Bäumen aufhängen - Stiere Spießruten laufen lassen, ist eine Volksbelustigung. Und bei uns? Ist die sofortige Beendigung der Tierversuche ein Anliegen der Medizin? Hat die Verhaltensforschung - als Wissenschaft! - schon eine Front gegen Tiertransporte und Käfige errichtet? Kosmetik machen sie ja alle. Aber zuerst bekommt den Blumenstraß die mythische Schöpfungsgeschichte.

Otto Theobald. Allerdings. Man hört die Nationen einseitig nur von Menschenrechten reden.

Rüd Brück. Und doch überholt bei uns inzwischen die Realität die Gebote, und Mythenschutz ist nur noch auf Logenplätzen im Gespräch. Mit ihren einseitigen Werten schafft die biblische Schöpfungsgeschichte ein öffentliches Unbehagen, von dem im allgemeinen niemand spricht. Das Volk, nicht seine Vordenker, wird zum Tierschützer und kehrt dem ewig Alten den Rücken. Ich glaube, das kommt daher, daß ihm im Fernsehen und in Büchern die Geschichte des Lebens auf der Erde, daß ihm diese großartigen Jahrmilliarden vorgeführt werden.

Otto Theobald. Sag das einem Theologen, er wird dir sofort beweisen, daß in der Schöpfungsgeschichte die Würde des Tieres fest verankert ist. Die Bibel ist ja weniger ein Mathematikbuch als eine Federwaage.

Rüd Brück (lacht). Wenn ihm der Beweis gelänge, dann gut, Otto!

Dann wäre die Sache gerettet, denn ich habe nichts gegen das Christentum an sich. Aber so ist es leider nicht. Keine Kirche kann sich das Bekenntnis „die Würde des Tieres ist unantastbar" erlauben, es sei denn, sie billigt eine neuchristliche Umdeutung des Alten Testaments. Bei Altchristen haben die Rechte der Natur keine Chance. Wenn 2002 die altchristlichen Parteien in Deutschland ihren traditionellen Widerstand aufgaben und den Tierschutz als Staatsziel zuließen, dann nicht für die Würde des Tieres, sondern um Wähler zu gewinnen. Nach einem verbissenen Kampf mit Zähnen und Klauen mußten sie den Teilrückzug antreten. Sie kämpfen im Untergrund weiter, bis sie innerlich umgelernt haben. Bis dahin heißt bei ihnen „Würde des Menschen" soviel wie „Vorrecht des Menschen".

Otto Theobald. Diese Verbesserung der rechtlichen Stellung des Tieres bestätigt, was du sagst: Altchristen verlieren die Autorität, um den öffentlichen Strom zu hindern. Auch wenn die christlichen Parteien nicht aus Überzeugung nachgeben, sondern weil Spitzenpolitiker um Macht streiten, hat die öffentliche Meinung einen unumkehrbaren Schritt erzwungen.

Rüd Brück. Ich fürchte nur, daß die Altchristen nicht der Idee nachgeben werden, durch ein Umdenken im Schöpfungsglauben ein neues Christentum zu schaffen. Sie haben den Namen Christentum für sich reserviert. Sie werden die neuen Christen nicht Christen nennen.

Otto Theobald. Gegen Weiterentwicklungen stemmten sich die Altchristen immer schon vergeblich. Wenn man beachtet, daß ein Fadenwurm von ein paar Millimeter Länge schon halb so viele Gene hat wie der Mensch, dann muß man sich nachdenklich fragen, warum dem Menschen hohe Würde zukommt, dem Wurm aber überhaupt keine. Wie läßt sich ein grundsätzlicher Unterschied zwischen Würde des Menschen und Würde des Tieres theologisch konstruieren?

Rüd Brück. Eben nur mit Hilfe der Schöpfungsgeschichte als Offenbarung. Aber Offenbarung ist Hypothese.

Otto Theobald. Schau zu den Hindus, die keine Bibel haben und wo das Tier tatsächlich eine bessere Stellung hat. Der Hinduismus ist eine nicht-anthropozentrische Religion, ursprünglich ohne Götter.

Die unzähligen Götter waren ein Bedürfnis der Menschen.

Rüd Brück. Weißt du, das anthropozentrische Denken geht über die Grenzen der Religion hinaus. Im Bereich des hinduistischen Glaubens übernimmt dafür die Wirtschaft den Anthropozentrismus. Die übervermehrte Menschheit neigt immer irgendwie dazu, sich gegen die Würde des Tieres zu entscheiden. Sie ist eine Öko-Pathologie und hält das aber für eine gute Sache. Was die Religion einsieht, wird durch die Wirtschaft wieder verworfen.

Otto Theobald. Ich denke, der Neuchrist, so wie wir ihn erklären, wird keinen Anthropozentrismus mehr anerkennen. Er wird die Rechte des Tieres an der Ökologie orientieren: Die artspezifische Würde eines jeden Lebewesens sichert sein (Natur-)Recht auf Anerkennung seines artspezifischen Verhaltens, also sein Recht auf Achtung vor den *angeborenen Rechten und Aufgaben.* Sie sichert genau aus diesem Grunde keine Vorrechte.

Rüd Brück. Das wäre ein fürwahr neuchristlicher Gleichheitsgedanke, ohne Anlehnung an den biblischen Schöpfungsplan. Man hört kaum mehr etwas von „Naturrecht". Beim Aufkommen der Ökologie fühlte man vielleicht auch, daß der Begriff Naturrecht von der menschlichen auf die ganze Natur übergreifen könnte, sie zu einer Rechtsinstanz über dem Menschen machen könnte. Da beließ man es aus urchristlichen Bedenken beim Begriff der Menschenrechte. Ich habe so meinen Verdacht.

Otto Theobald. Beim Naturrecht handelt es sich um angeborene Rechte. Sie werden instinktiv gewährt oder beansprucht. Das weiß man heute. In der Zeit der Entdeckungen glaubten die christlichen Europäer, als sie erstmals andere Völker kennenlernten, das seien keine wahren Menschen. Deshalb betrieben sie Völkermord und Ausbeutung, wohin sie kamen. Sie hielten andere Völker nicht für ebenbürtig und verstanden nicht, weshalb sie sie nicht massakrieren durften, denn sie konnten sich nicht erklären, warum ein anders denkendes Volk mit anderen Sitten derselben Spezies Mensch angehören sollte wie sie. Es glaubte ja nicht an dieselben Mythen, die der Welterschaffer samt der allein gültigen Ethik allein den Christen ausgehändigt hatte, dessen Lieblingsvolk sie also sein mußten. Man rechnete damals nicht mit Naturrechten, die auf angeborenen, überall gleichen Artmerkmalen beruhen und für alle Rassen gelten.

Rüd Brück. Das unterschreibe ich. Daß Sitte und Glaube noch keine Art ausmachen, sondern daß vielmehr die gemeinsamen Gene alle Menschen einander gleich machen, diese heutige Sicht ist ein Desaster für die religiöse Mission, die seit je die Überzeugung zu verbreiten hat, das Merkmal der Art Mensch liege allein in der Anerkennung der biblischen Mythen, nicht in den Erbanlagen. Davor verschließt man, so scheint es, gern die Augen.

Otto Theobald (richtet sich auf). Quintessenz: Das Artspezifische steht über jeder kulturellen Konvention.

Rüd Brück. Natürlich. Für die Rechte des Tieres ist das gravierend. Artspezifisch ist zum Beispiel auch, daß das Rind zu den Beutetieren und nicht zu den Raubtieren zählt, und so ist es zum Beispiel artgerecht, wenn eine Kuh geschlachtet und verzehrt wird. Es ist ihr artspezifisches Wesen, andere zu ernähren, und so hat das Rind keinen naturrechtlichen Anspruch, nicht getötet zu werden. Ja, überhaupt ist also der Tod zu würdigen, sobald der Organismus seine artspezifische Lebenserwartung irgendwie erfüllt hat.

Otto Theobald. Du mußt aber ergänzen, daß das Dasein des Rindes in eisernen Ketten nicht artgerecht und daher entwürdigt ist, und unwürdig ist sein chancenloser Abtransport ins Vernichtungslager.

Rüd Brück. Das ist selbstverständlich pure Verächtlichkeit gegenüber dem Tier. Altchristlich - biblisch - ist sie abgesichert. Aber wissenschaftlich? Dort muß die Gleichstellung des Menschen mit dem Tier einschneidende Konsequenzen haben: Menschliche Embryonalzellen läßt die Kirche für die Forschung höchstens ausnahmsweise zu, aber tierische zu verwenden, erlauben die Glaubenshüter den Forschern ohne Bedenken, mit der etwas peinlich verschwiegenen Begründung, das Tier habe sowieso kein Recht auf Dasein. Jawohl, das ist die eigentliche Begründung! Genau diese Begründung macht sich aber die Wissenschaft zu eigen. Da darf nun wirklich niemand laut behaupten, daß sie den Mythos schon überwunden hätte.

Otto Theobald. Die Entwicklung schreitet eben sehr langsam fort.
Aber sie schreitet fort, und das sollte man honorieren.

Rüd Brück (wird energisch). Honorieren will ich dem denkenden
Menschen die Langsamkeit nicht. Er verlangt ja auch sonst hellwaches Rechtsbewußtsein.

Otto Theobald (lächelt gelehrt). Es fällt doch immerhin auf, daß der
Mythos den Menschen wohlweislich warnt, vom Baum der Aufklärung zu essen, was auch so viel heißt wie, er warnt davor, den Mythos selbst in Frage zu stellen und alles Leben gleich dem menschlichen zu würdigen, denn diese Gleichbehandlung ist ja einer der
Hauptinhalte der Aufklärung, und die Ungleichbehandlung ist ein
Hauptinhalt des Mythos.

Rüd Brück. Deshalb auch haben orthodoxe Muslime der Aufklärung
Terror angesagt. Die Diskussion um die Religionen, ihre Ethiken,
ihre Glaubensgrundsätze, ihre Rituale, kurz ihren Wahrheitsgehalt,
gewinnt also eine Realität in unserem politischen und täglichen Leben, die früher unvorstellbar war. Es ist zwar immer noch für einen
bestimmten Bevölkerungskreis ein Sakrileg, die landesübliche Religion zu prüfen, aber dieses Sakrileg ist überholt. Oder sollte es weiterhin ein Sakrileg sein, die Gleichstellung von Mensch und Tier zu
verlangen?

Otto Theobald. Das müssen wir überwinden. Wenn Theologen trotz
aller Bemühungen keinen Beweis für die philosophische Tragfähigkeit ihrer Mythen zustande bringen und dennoch zu wissen behaupten, daß die biblische Warnung vor rationaler Erkenntnis zum tieferen Sinn des Universums gehört, dann sollten sie sich eigentlich nicht
wundern, wenn rationale Aufklärung hier eigenmächtig Ersatz
schafft.

Rüd Brück. Glaubst du, Politiker und Bauern folgen solchen verschraubten Hinweisen? Vergiß nicht, der Theologe verweist auf die
Offenbarung und hofft, daß sie den Menschen mehr vermittelt als
Sätze mit „weil", „wenn - dann" oder „infolgedessen".

Otto Theobald. Sie werden dem Druck derjenigen nachgeben, die
sich moderne Bildung aneignen. Zur Bildung gehören heute die

Biologie, die Ökologie, die Physik und die anderen Naturwissenschaften.

Rüd Brück (richtet sich auf). Es ist zweifelsfrei unzeitgemäß, sich
dem Verstand entgegenzustellen. Überleg' mal, ein Student würde in
seiner Physikprüfung zur Entschuldigung vorbringen, die falsche
Formel da, die er hinschreibt, sei ihm „geoffenbart" worden! Da
erfährt er, wie ernst heute Beweise genommen werden. Haben wir
nicht auch schon festgestellt, daß selbst der Theologe die Offenbarung unbedingt dem Verstand anvertrauen möchte? Weil dem so ist,
werden genau diejenigen Aussagen der Religionen überleben, die
rational begründbar und plausibel sind, die also in das logische
Gefüge des Universums passen.

Otto Theobald. Also gut, was die Menschen reden, ist für die Natur
ohnehin belanglos. Wo sie Rechte des nichtmenschlichen Lebens
durchsetzt, werden ganz von selbst die Vorrechte des Menschen
abgebaut. Ich werde in dem Vortrag von den Vorboten einer besseren
Zukunft sprechen. Ich meine, daß sich der ökopathologische Zustand
der Menschheit auch ohne unser Zutun zum Besseren wendet . . .

Rüd Brück. . . . wenn es nicht zu spät ist . . .

Otto Theobald. . . . und daß sich das heute schon ankündigt. Offensichtlich bremst ja der Lebensstandard automatisch das Bevölkerungswachstum. Gegenwärtig wächst am stärksten die Dritte Welt.
Mit zunehmendem Lebensstandard werden aber auch dort weniger
Kinder nachkommen. Das entlastet die Natur.

Rüd Brück. Dafür schieben sich sofort soziale und wirtschaftliche
Probleme vor. Du kennst es ja: Wenn der Nachwuchs fehlt - wer
bezahlt Renten und Krankenversicherungen? Geburtenrückgang
verursacht Überalterung. Überalterung verursacht Elend.

Otto Theobald. Ich weiß. Die Probleme einer überalterten Gesellschaft wachsen mit der Bevölkerungsabnahme ins Unvorstellbare.
Die Abnahme der Bevölkerungsdichte reißt die Kulturen in eine
Katastrophe hinein, obwohl dabei die Erde aus der Katastrophe her-
auskommt. Die fatale Formel - je kleiner die Zahl der Naturzerstö-
rungen, desto größer die Zahl der Kulturzerstörungen, und umgekehrt

- wird die Menschheit noch bitter heimsuchen. Was tun?

Rüd Brück. Wie du's auch drehst, es sieht nicht gut aus. Der Karren steckt schon viel zu tief im Schlamm der Lawine, die du prophezeit hast. Die Menschheit hat wild und gierig drauf los gewirtschaftet. Das Desaster ist überhaupt nur dann aufzuhalten, wenn es - ein neues Abenteuer! - der Gentechnologie gelingt, den Menschen im Alter gesund und arbeitsfähig zu erhalten, was natürlich verlangt, sein Altwerden abzuwenden, seine Jugend sozusagen zu konservieren. Viele Molekularbiologen bezweifeln, daß es dazu kommen kann. Sie sagen, die Sache sei zu schwierig. Andere meinen, sie sei nicht zu schwierig, aber es dauere noch hundert Jahre. Das wäre eine Zeit, die die Menschheit ökologisch nicht mehr erlebt. Wenn die Weltwirtschaft niedergeht, hat sie keine Mittel mehr, ihre Zukunft zu entwikkeln.

Otto Theobald. Trotzdem müssen bis zur letzten Minute wir das Schiff zu retten suchen. Wichtig ist, wenigstens eine theoretische Vision zu haben.

Rüd Brück. Die theoretisch beste Weltordnung läßt sich ermitteln. Ich komme gleich darauf zurück. Ich wollte sagen . . .

Otto Theobald. Noch eins vorweg: Jung und unsterblich zu bleiben, ist das heimliche Dauerziel des Homo sapiens gewesen, seit ihm der Tod bewußt ist. Nie krank sein, nie sterben - ich wüßte nicht, was überhaupt wichtiger genommen wird als dies, obwohl man nicht darüber spricht . . .

Rüd Brück (lacht). . . . eines von den unbewältigten Themen.

Otto Theobald. Aus einem hartnäckigen Bedürfnis erwächst aber in der Regel irgendwann seine Erfüllung. Das ist wie mit dem Sternschnuppenwunsch. Wenn man einen Wunsch immerzu so parat hat, daß er einem in dem kurzen Moment einer Sternschuppe einfällt, arbeitet man in der Tat pausenlos daran, und dann hat man irgendwann den Erfolg. Ich glaube deshalb, daß es schon nötig wäre, herauszufinden, ob die Gentechnologie in absehbarer Zukunft das Leben der Menschen einmal unbegrenzt machen kann oder nie.

Rüd Brück. Dann wäre das Problem der Renten und der Altersarbeitslosigkeit gelöst. Aber mit einer generellen Anhebung der Lebenserwartung - gesundes Alter, kein Siechtum, verstehst du - müßte man gleichzeitig auch die Geburtenreduzierung ins große Programm aufnehmen, und deren Probleme sind bekannt. Am besten löst man auch sie mit gentechnischen Mitteln. Die Gentechnik wird auch das Zeitalter der Krankheiten für immer beenden. Und so ergeben sich viele weiterführende Fragen. Ich glaube zum Beispiel nicht, daß die finale Zukunftsgesellschaft noch mit Geld wirtschaften wird. Geld ist unmenschlich, es verführt zur Ausbeutung, und das ist nicht ideal. Genauso wird die Vollautomatisierung der Lebensbereiche ein zentrales Ziel werden. Und so weiter, Otto.

Otto Theobald. Bisher schien da zwischen Rationalismus und Religion nur so ein sportlich-philosophisches Schachspiel zu laufen. Aber es ist gar kein Spiel! Es ist kein Spaß! Zieht die Ratio den kürzeren, bricht Panik aus. Sag bloß, warum du grinst!

Rüd Brück. Vielleicht eine Art Untergangsgrinsen.

Otto Theobald. Sehr witzig. Es gab einmal einen Krimi, darin wollte einer die Welt mit Lachgas vernichten. Selbst wenn die Bemühungen um Stabilisierung der Sozialsysteme Erfolg hätten - die Wirtschaft garantiert unsere Versorgung dennoch nur auf kurze Sicht.

Rüd Brück. Solche Warnungen bringen kaum etwas, denn ängstigen tun den Menschen überhaupt nur augenblickliche Probleme. Was nächstes Jahr sein wird, schiebt er beiseite. Er ist erleichtert, wenn niemand darüber spricht. Er besitzt dafür nämlich keinen Naturinstinkt. Ich weiß auch, warum. In der Steinzeit war die fernere Zukunft nicht relevant.

Otto Theobald (hört auf, mit dem Bleistift zu spielen). Du beziehst dich auffallend häufig auf die Steinzeit.

Rüd Brück. Ursachenforschung muß sein. Wenn der Mensch nicht nach Ursachen fragt, verliert er in seiner geistigen Welt die Orientierung. In der Steinzeit, und erst recht in der Vorzeit, ging es immer nur ums Tägliche. Das Leben eines Tieres ist in der Natur auf viele Jahre hinaus gesichert, nicht jedoch für die nächsten Stunden. Denn die langfristige Versorgung hängt hauptsächlich vom Klima ab, das in engen Grenzen schwankt. Da muß sich ein Tier keine Sorgen machen. Also haben wir von den frühen Hominiden keinen ausreichenden Zukunfts-Instinkt geerbt. Wir sind auf den aktuellen Tag programmiert. Nun kann die Weltwirtschaft heute aber nicht einmal auf ein Jahr voraus geplant werden. Ihre Stabilität hängt von rasch wechselnden Faktoren ab. Das langfristig stabile Klima allein ist es längst nicht mehr. Die Versorgung der Menschheit ist also langfristig weit schlechter gesichert als die einer Tierart in der Natur. Aber bei dem gegebenen Mangel an Zukunftsinstinkt regt sich keiner über den Nachteil auf. Auch die zukünftigen Auswirkungen unserer Bevölkerungsdichte beurteilen wir mit dem Maßstab einer Vergangenheit, in der es keine überhöhte Bevölkerungsdichte gab. Hätten wir für die fernere Zukunft einen Instinkt, würden wir den Maßstab für die Bevölkerungsdichte emotional definieren. So konstruieren wir ihn nur rational.

Otto Theobald. Solange es wenige Menschen gab, war die Vorherrschaft des Menschen ein Zukunftstraum. Heute ist sie ein Alptraum.

Rüd Brück. Selbst eine gentechnisch perfektionierte Menschheit würde mit ihren heutigen Milliarden nicht überleben.

Otto Theobald (wirft den Bleistift auf den Tisch). Das alles zusammengenommen sprengt meinen Vortrag. Ich glaube, darauf wäre kein Zuhörer vorbereitet. Weißt du, vom Wachstum abzulassen und umzukehren, ist jenseits des Vorstellbaren. Was ist denn aus dem Club of Rome geworden, der uns 1972 die Lage der Menschheit dokumentiert hat? Nichts. Hat Dennis Meadows' Buch „Grenzen des Wachstums" etwas gebracht? Der Club of Rome verlangte zu viel Rationalität von einem Lebewesen, dem alte Legenden besser gefallen. Als Antwort auf solche Grenzziehungen sah er ringsum nur amüsiertes Lächeln.

Rüd Brück. Du hast vollkommen recht. Die Probleme des Wachstums wurden zwar erkannt, aber schnell weggelegt.

Otto Theobald. Jetzt, dreißig Jahre später, ist unbegrenztes Wachstum ein moralisches Gesetz der Wirtschaft geworden, und es tabuisiert sich zusehends. Es wird kaum noch kritisch beleuchtet.

Das ökologische Netz wird dem Wirtschaftswachstums nicht mehr offiziell gegenübergestellt, um dessen Paradoxie zu enthüllen. Große Umweltschäden, zum Beispiel daß ein Viertel der Säugetiere aussterben wird, rechnet man nicht dem Wachstum der Weltwirtschaft zu, sondern der Politik gewisser Lobbys und einem mangelnden Engagement im Naturschutz.

Rüd Brück. Offensichtlich ist das Ganze auch wieder nur sprachlich nicht bewältigt, weil es philosophisch nicht aufgearbeitet ist.

Otto Theobald. Von irgendwoher weiß ich, daß Bernhard Grzimek auf seinem Briefbogen stehen hatte: „Ceterum censeo, progeniem hominum esse deminuendum.“

Rüd Brück. So, so? Nur auf dem Briefbogen?

Otto Theobald. Daß man die Menschheit einschränken müsse, wie er sich ausdrückt, stand damals Schulter an Schulter neben dem Club of Rome, und auch deinem Buch „Krone der Schöpfung?“.

Rüd Brück. Ich führe, wie ich eben sagte, vieles auf mangelnde sprachliche Bewältigung zurück. Schweigen und Ignorieren ist große Mode, weil sich bisher das Durcheinander von Thesen nicht entwirren ließ: Einerseits ist Wachstum nötig, anderswo ist es gefährlich - für die einen ist Naturschutz wichtig, für die andern unwichtig - einerseits braucht unsere Zukunft die Gentechnologie, andererseits gefährdet sie unsere Nahrung - da soll der Nichtwissenschaftler auf das menschliche Denken vertrauen? Es geht also nicht ohne die Berücksichtigung der Öko-Pathologie, die das Gewirr klärt, und das braucht Zeit. Denn wie gesagt: das Rauschen in den Eichen!

Otto Theobald. Von den deutschen Universitäten hältst du offenbar keine allzu großen Stücke?

Rüd Brück. Weniger als du. Alle Universitäten sind heute Ausbildungsstätten. Bildung, Überblickswissen, wird durch Lehrpläne und Kompetenzgrenzen arg verengt und nur noch von wenigen Fakultäten vermittelt.

Otto Theobald. Drum laufen Ihnen die Guten ja auch davon.

Rüd Brück. Ich glaube, die mittelalterlichen Wissenschaftsmonopole, das Professorenwesen und die Kirchenväter, haben eine weni-

ger interessante Zukunft. Das System wird von der wachsende auto-
didaktischen Bildung der Basis überholt. Deren Denker bringen ohne
Doktorhut und Lehrstuhl neue Ideen in Forschung und Philosophie
ein und werden von dem alten System oft nur ignoriert, das also ungeeignet ist. Einstein entwarf seine neuen Ideen als Student; die
Universität besorgte nur seine Ausbildung.

Otto Theobald (seufzt). Ob ich den Vortrag überhaupt halten werde?

Rüd Brück. Dem Universitätensystem steht die Platonakademie im
Sinne des Wortes alternativ gegenüber. Ihre Aufgabe ist es, zu zeigen, daß das Urprinzip sich bewährt und durch den Sturz des Anthropozentrismus die ökologische Stellung der Menschheit klärt -
nicht zu verwechseln mit der rein philologischen Aufgabe Platoni-
scher Akademien, die sich, was ja auch mehr als interessant ist, mit
überlieferten Texte befassen.

Otto Theobald. Natürlich, die ursprüngliche Platonakademie suchte
die ontologischen Zusammenhänge. Wenn damals die spekulative
Ideenlehre Quelle aller Argumente war, so sind wir heute wesentlich
besser dran. Aber ist nicht auch das heutige Urprinzip zu theoretisch,
zu abgehoben?

Rüd Brück. Es ist auf jeden Fall erfolgreicher als die antiken Spe-
kulationen, die ja schließlich zur Verarmung der philosophischen
Forschung führten, bis man nur noch Platons Schriften las, als wäre
das letzte Problem längst gelöst. So können wir heute endlich über
religiöse Fragen Nachprüfbares aussagen und wiederum ihre Einflüs-
se auf das Menschenbild abschätzen. Wir können erklären, warum es
gerade die Materie gibt, die wir beobachten, warum das Universum
einen Anfang hatte und wie unser Ich in unendlich vielen Universen
von der Art des unseren unsterblich ist. Man findet das ja in den Hör-
sälen I und II der Akademie. Wir können also Platons Arbeit fortset-
zen und das Ziel der Welt präsentieren. Was heißt wir? Wir beide
sind unbekannte Punkte auf der Erde. Ich zum Beispiel fühle mich
nicht einmal motiviert, als Redner aufzutreten. Ich will mit Status-
symbolen nichts zu tun haben. Am liebsten bleibe ich anonym.

Otto Theobald. Wenn du nicht Macht erlangen willst, will dich keiner hören. So ist das Publikum.

Rüd Brück. Ich selbst muß ja nicht unbedingt persönlich gehört werden. Die Akademie, als älteste noch bestehende Schule Europas, besitzt zu einem Auftritt genügend Format und Legitimation. Sie hat, als Rückgrat der europäischen Philosophie, einen ungleich gewichtigeren Namen.

Otto Theobald. Mancher versteht ihre Aufgabe vielleicht falsch. Ihren Namen bringt sie heute neu zur Geltung, hat ihn aber nicht von der alten Akademie nur kopiert, sondern ist selbst die weitergeführte Institution, die Platon 387 v. Chr. gegründet hat. Sie führt die Suche der antiken Schule nach dem Urprinzip fort. 529 n.Chr. wurde sie verboten, jetzt wieder geöffnet.

Rüd Brück. Nach fast eineinhalb Jahrtausenden der Abwesenheit kann sie ihre Aufgabe endlich zum Abschluß bringen und hat sich über das Verbot des Kaisers Justinian hinweggesetzt, welches ihre Tätigkeit mit den Worten beendete: „In der Akademie von Athen darf weder Philosophie gelehrt, noch dürfen Gesetze kommentiert werden."

Otto Theobald. Ach, das Dekret kenne ich noch gar nicht. - Trotzdem schaut man auf diejenige Person, die sie in der Nachfolge des Damaskios wieder ins Leben gerufen hat, also auf dich. In aller Welt wollen Leute Leute sehen - verehren oder verspotten, je nachdem, verstehst du?

Rüd Brück. Weitaus effektiver wäre es, die Sache statt Personen in den Mittelpunkt zu stellen. Ich selbst bin natürlich zwangsläufig Nachfolger des Damaskios, der die Akademie zuletzt bis 529 leitete. Und des Ficino, wenn du so willst. Und das Axiom habe ich auch gefunden. Aber den Aussagen, die die Akademie macht, verleihe nicht ich das Gewicht, der ich vielleicht morgen schon nicht mehr da bin, sondern dieses Gewicht liefert der Name Platonakademie. Diese Institution hat nun geistig überdauert und wird wahrscheinlich weiterbestehen, bis die Menschheit ihren finalen Zustand erreicht hat, der sich um diese Jahrtausendwende abzeichnet.

Otto Theobald. Ziemlich viel, was du von ihr da erwartest. Was waren denn die wirklichen Gründe, daß sie damals überhaupt geschlossen wurde?

Rüd Brück. Hauptsächlich der Kampf gegen ihren Einfluß. Die junge Kirche räumte damals mit den philosophischen Entwürfen der Antike auf. Sie verkündete an deren Stelle die Worte eines Gottes, und weil sie populäre Bilder und alte Geschichten erzählte - von Adam, Eva, Moses und Abraham - wurde sie leichter verstanden als jede begriffliche Philosophie. Im Grunde war das aber nur ein Machtkampf mit der Athener Akademie. Die christlichen Inhalte dienten dazu, Mehrheiten zu vereinigen. Wenn Nietzsche einmal das berühmte Wort prägte, das Christentum sei Platonismus für das Volk, dann ist anscheinend trotz Wechsels zum Christentum die Erklärung des Seins in wesentlichen Zügen dieselbe geblieben wie vorher.

Otto Theobald. Er hatte ja recht.

Rüd Brück. Das Christentum konstruierte als Urprinzip einen Patriarchen, männlich, mit Bart und Strafgesetzbuch, unerreichbar hoch, nämlich über den Wolken. Die christliche Weltanschauung nutzte damals menschliche Instinkte für ihre philosophische Vormachtstellung aus: den Anthropozentrismus mit der Idee: „Wir sind der Mittelpunkt, und die Allmacht steht auf unserer Seite". Besonders wegen dieser Machtverschiebung wurde dann die Akademie verboten, die, weil sie den Mythos hinterfragte, eine Last war.

Otto Theobald. Das droht auch heute.

Rüd Brück. Wer kann aus dem Rauschen im Eichenwald die Zukunft deuten? Ein nicht biblisches Menschenbild war nach der Schließung der Akademie nicht mehr zu befürchten. Jede nicht mythologische, rationale Beurteilung des Menschen mißglückte noch tausend Jahre später. Als in der Renaissance die Platonakademie während ihres Tausend-Jahre-Schlafs kurz einmal die Augen aufschlug, wurden nur Prinzipien in die Debatte geworfen, die zum personifizierten Weltbild paßten. Minderbewertung des Tieres und anthropozentrische Selbstbewunderung kursierten als Grundwahrheiten, überall fehlten objektiv prüfbare Argumente. Man zweifelte auch nicht an der Willensfreiheit, die den Menschen moraltheologisch vom primitiven Lebewesen, dem Tier, unterscheiden sollte. Niemand rechnete mit ererbten Instinkten.

Otto Theobald. Mit angeborenen menschlichen Instinkten konnte auch Konrad Lorenz kaum durchdringen.

Rüd Brück (lacht). Ja, ja, Konrad Lorenz - der Mann mit der Gans. Mehr sollte er um Gottes willen nicht werden.

Otto Theobald. Wie erklärt man sich eigentlich heute die Intelligenz?

Rüd Brück. Wie „man" sie erklärt, ist keine beantwortbare Frage, denn da sind historisch und religiös verpflichtete Deutungen im Umlauf, die ich nicht alle kenne. Vor aller Augen ist immer noch offen gelassen, was Intelligenz sein könnte, denn ihre Erforschung ist auch nicht gerade ein Anliegen der Anthropozentriker. Meine Ansicht darüber ist eine Hypothese. Ich kann sie aber begründen und liege damit zumindest nicht quer zur modernen Forschung.

Otto Theobald. Und das wäre?

Rüd Brück. Geistige Fähigkeit zu besitzen, ist wahrscheinlich kein Privileg der Spezies Mensch. Intelligenz - geistige Beweglichkeit - ist meines Erachtens eine allgemeine Eigenschaft des Tiergehirns. Das Tierverhalten wird zwar stark von Instinkten gesteuert, aber es scheint mir eine stereotype Vereinfachung zu sein, wenn es immer heißt, daß instinktives Verhalten nur starr mechanisch sein könne. Damit will man nach dem biblischen Schöpfungsplan das Tier auf unterstem Niveau festgehalten wissen und den Menschen esoterisch abheben. Der Instinkt ist selbst, so sehe ich es, der Schlüssel zur Intelligenz. Ich verstehe unter Intelligenz ausschließlich die Fähigkeit des Gehirns, die an sich starren Einzelinstinkte sehr schnell zu wechseln und von Fall zu Fall auch beliebig zu verkürzen und mit Erlerntem sowie mit Gewohnheiten zu verknüpfen.

Otto Theobald. Flexibilität der Instinkte. Das klingt auf Anhieb recht vernünftig. Aber lieber mal ein Beispiel!

Rüd Brück. Ein Rind geht zur Wasserstelle. Sein Instinkt warnt es vor den Löwen, und entsprechend behutsam schaut es um sich und spitzt die Ohren, stets fluchtbereit. Lauter angeborene Verhaltensweisen. Aber ein zweiter wichtiger Instinkt leitet es: Die Suche nach Wasser. Je nachdem, wie nun die Lage ist, folgt es dem einen oder anderen Instinkt und kann beide blitzschnell vertauschen. Wenn die Flucht beginnt, treten neue Instinkte in Funktion. Wie das Rind dabei Unebenheiten im Gelände pariert, Deckung nutzt, Ablenkungsmanöver durchführt - was weiß ich, was ein solches Tier alles kann - der Volksmund spricht ihm wegen solcher Flexibilität eine „Intelligenz" zu und sieht die Sache durchaus richtig. Beim Menschen geschieht der Umgang mit den Instinkten im Prinzip nicht anders, nur kann er sie noch feiner differenzieren, zerlegen, kann sie zu neuen Ketten zusammenfügen, mit Erfahrungen mischen, und die menschliche Intelligenz ist daher äußerst schwer zu durchschauen. Wie immer, wenn man etwas nicht durchschaut, greift man voreilig zu der Annahme, es sei etwas Überweltliches.

Otto Theobald. Dann wäre also Intelligenz sozusagen ein klein gehackter Instinktsalat, gewürzt mit Erlerntem. Erbkoordinationen und Taxien wären die Elemente der Intelligenz. Wenn das stimmt, ist es ein Desaster für die alte Weltanschauung.

Rüd Brück. Das menschliche Gehirn reagiert vermutlich ungeheuer schnell mit unzähligen angeborenen Reaktionsmechanismen und kann so auch Motiven folgen, die dem Tier nichts sagen. Zum Beispiel ein Gemälde analysieren. Ich glaube nicht an sonstige Ursachen menschlicher Intelligenz. Da ist kein substantieller Geist, kein psychischer Äther, der das Gehirn durchweht. Wenn ich die Formel für Beschleunigung wahrnehme oder den Planeten Jupiter, oder ein Foto, dann wird in meinem Gehirn ein Gewitter angeborener Instinkte in Gang gesetzt. Welche Instinkte dabei aktiviert werden, ist schwer erkennbar. Beim Tier ist das Gewitter vergleichsweise zahm.

Otto Theobald. Es leuchtet ein, menschliche Intelligenz lediglich als höherkomplexe tierische Intelligenz zu erklären. Eine metaphysische Erklärung wäre „eine Erklärung, die man nicht erklären kann". Allerdings: Eine Gleichung mit Instinkten lösen? An welche Instinkte denkst du in diesem Falle?

Rüd Brück. Ich weiß nichts Genaues. Aber eine Gleichung kann

zum Beispiel meinen Erfolgsinstinkt ansprechen. Erfolg ist ein tief
wurzelndes Ur-Erlebnis. Mancher - du zum Beispiel - löst gerne
Gleichungen und ist begeistert von ihnen, weil das ein gewaltiges
Erfolgserlebnis ist. Aber nicht direkt von ihnen selbst ist er begeistert, sondern von seinem Erfolg.

Otto Theobald. Wer die Mathematik verachtet, wäre demnach einer,
der keinen Erfolg von ihr erwartet. Vielleicht wurde er in der Schule
enttäuscht und erwartet jetzt nur noch Mißerfolg.

Rüd Brück. Ich glaube, so ist es. Einen Altphilologen schüttelte es
einmal bei dem Gedanken an Mathematik, so sehr widerte sie ihn an.
Den Philologen motivieren eher die gefühlsbetonten Texte. Goethe
wollte auch von Mathematik nichts wissen.

Otto Theobald. Kant auch nicht. Vielleicht hätte er sonst das Zeitge-
setz entdeckt. Über die apriorische Eigenschaft der Zeit war er bereits informiert.

Rüd Brück. Seine Zeit - ich meine seine Epoche - war reif dazu.
Sicher hatte er nur kein Gefühl für das Formale.

Otto Theobald. Eine Gleichung kann aber auch bestimmte Dinge
assoziieren. Wenn ich die drei Newton'schen Bewegungsgleichun-
gen sehe, die in ihren Gedanken die Bewegungen der Planeten um
die Sonne enthalten, assoziiere ich, da ich sie verstehe, die giganti-
sche Planetenwelt.

Rüd Brück. Das riesige Sonnensystem kann jene Bewunderung in
uns erregen, die schon den Steinzeitjäger erregte, wenn er über die
weite Landschaft schaute. Der Anblick weckte bei ihm den Wander-
und Jagdtrieb, eine instinktive Kraft. Den Astronomen bewegt ebenfalls die Idee, sich dort draußen zu bewegen.

Otto Theobald. Zweifellos hätte der Mensch schon früher vermuten
können, daß man keine geheimnisvollen Kräfte zu erfinden braucht,
wenn man die Komplexität des Gehirns für Intelligenz und Bewußtsein verantwortlich macht. Aber er griff lieber nach naiveren Erklärungen.

Rüd Brück. Und deshalb ist Platon ja so überragend: Seine Ideenlehre lehnte nicht an die Steinzeit an, war keine naive „Erklärung

durch Unerklärliches".

Otto Theobald. Ich habe zu Hause ein Buch zum Thema Abstammungsgeschichte. Es geht um die Urmenschenfunde und die langsame Aufwärtsentwicklung. Zum Schluß kommt dann überraschend ein Rückzieher: Der Mensch sei trotzdem in Wahrheit ein transzendentales, kein biologisches Wesen, seine biologische Abstammung sei das Zweitrangige an ihm, sie sei seine irdische Erscheinung, um die es sozusagen gar nicht gehe, wenn man den Menschen meint..

Rüd Brück. Du weißt ja selbst, hier ist eben das Urprinzip so sehr hilfreich, indem es gestattet, die transzendenten Unendlichen Ordnungen zu erschließen. Sie besagen: Ohne empirisch konkret in unserem einen Universum aufzutreten, hätten die Dinge kein Sein in der unendlichen Transzendenz; und ohne transzendentes Existieren in den Unendlichen Ordnungen würden sie umgekehrt nicht in unserem einen Universum auftreten, so daß sie also immer Spiegelbilder des Transzendenten sind.

Otto Theobald. Ja, das hat mich am Urprinzip am meisten fasziniert.

Rüd Brück. Deshalb ist also der Mensch tatsächlich *nicht nur* eine biologische Masse, und *nicht nur* die Geschichte seiner Knochen begründet die Wissenschaft vom Menschen. Soweit hat dein Buchautor recht. Nur will er offenbar die Transzendenz zu einem Privileg des Menschen machen. Tiere sind ausgeschlossen. Das ist nach dem Urprinzip unsinnig.

Otto Theobald. Ich weiß ja selbst: Die Materie ist die Konkretisierung der Unendlichen Ordnungen innerhalb unseres eigenen Universums. Lebewesen aller Art sind die konkrete Erscheinung des Phänomens Leben, wie es die Transzendenz ewig und unbegrenzt durchzieht und sich in dem offenbart, was wir Ich nennen. Das Ich, meins wie deins, steht, eingeflochten in die unendlich vielen Universen, als wahrnehmendes Subjekt da, und das der Tiere und Pflanzen nicht anders.

Rüd Brück. Das Ich ist die Seele, deren Natur wir damit völlig begriffen hätten. Also gelingt dem Autor deines Buches mit seiner Bemerkung keineswegs die Flucht aus der Biologie, die er partout nicht

mag. Wenn er den Menschen, um ihn als einziges vor dem Zugriff
der Wissenschaft zu retten, in die Transzendenz entführen will, tru-
delt die ganze übrige Welt hinterher, und er findet auch sie in der
Transzendenz wieder.
Otto Theobald. Ohne die Unendlichen Ordnungen müßten wir so
einfach denken wie einst der auf die fünf Sinne beschränkte Nean-
dertaler. Die Zeiten sind aber nicht mehr die alten. Der Mensch muß
sich an die heutige Situation angleichen, und er tut es.

*

Otto Theobald. Die Taliban haben die Furcht vor säkularer Bildung
berühmt gemacht. Afghanistan war plötzlich zum historischen
Berührpunkt zwischen Altertum und Neuzeit geworden. Sehe ich
es durch die Brille, die wir uns hier aufsetzen, so scheint es mir, dort
am Himalaja schäumte die Angst der ganzen Menschheit hoch,
die Angst nämlich, die Rangordnung Gott - Mensch - Tier könnte
verloren gehen.
Rüd Brück. Es mag bezeichnend sein, daß es gerade die Koran-
schüler waren, die das befürchteten. Ziehst du das transzendentale
Sein aller Lebewesen heran, so hast du da einen klaren Beweis durch
das Urprinzip, daß das Tier Daseinswürde wie der Mensch besitzt.
Das zeigt ja auch die Intelligenz der Tiere, für die ich viele Belege
aus eigener Erfahrung habe. Ein Beispiel: Ich war mit meinem Hund
ja oft bei Dunkelheit unterwegs, weil ich mir den Sternhimmel dabei
anschaute, und oft begegnete uns in der Nacht ein sonderbares Fa-
belwesen, weder Hase noch Fuchs, . . .
Otto Theobald. . . . der Wolpertinger! . . .
Rüd Brück. . . . und ergriff die Flucht vor uns, und ich mußte den
Hund zurückpfeifen. Manchmal mußte ich ihm sogar nachlaufen,
wenn er nicht hörte. Es dauerte lange, bis ich eines Nachts im Mond-
schein sah: Das ist ja ein Dachs.
Otto Theobald. Na sowas!
Rüd Brück. Die Geschichte ist nicht zu Ende! Einmal hatte ich dann

auch den Schäferhund vom Nachbarn dabei, weil der mit dem armen
Kerl nie fortging. Sie stöberten den Dachs zu zweit auf. Jetzt drohte
ihm eine Tragödie. Er konnte ihnen nicht entkommen. Ich setzte
mich also in Bewegung, um die Hunde zu ergreifen. Als ich nicht
mehr weit entfernt war, lief der Dachs plötzlich auf mich zu und
stellte sich zwischen meine Stiefel. Jetzt konnte ich die beiden Hunde festhalten. Kaum hatte ich sie am Halsband, rannte er in Richtung
Wald davon.

Otto Theobald. Ach. Er hat gewußt, daß du zu ihm hilfst.

Rüd Brück. Aber stell dir seine Schlußfolgerung im Detail vor:

Otto Theobald. Er nutzte, was er gelernt hatte.

Rüd Brück. Er handelte gegen seine Menschenscheu. Er rannte auf
mich zu, zwängte sich zwischen meine Beine und schaute zu den
Hunden hin.

Otto Theobald. Eine kognitive Entscheidung.

Rüd Brück. Sicher, sonst hätte seine Menschenscheu überwogen.
Noch eine andere, nicht weniger komprimierte Intelligenzgeschichte
ist die folgende. Ich schaute zu, wie ein Habicht in einen Krähen-
schwarm geriet und dort eingeschlossen wurde. Ich wartete gespannt
auf den Ausgang des Kampfes, denn es waren an die zwanzig Krähen
um ihn, und er hätte normalerweise keine Chance gehabt. Nach einigen Ausbruchsversuchen packte er mit den Krallen eine Krähe und
ließ sich mit ihr wie ein Stein aus dem Schwarm heraus fallen. Alles
kam überraschend. Die Krähen waren so verblüfft, daß sie ihm nicht
sofort folgten. Dadurch, daß er eine von ihnen hatte, verwirrte er ihren Verfolgungsinstinkt. Dicht über dem Erdboden ließ er die Krähe
los und verschwand im Nu im nahen Wald. Ist das nun eine geistige
Leistung oder nicht?

Otto Theobald. Angeboren - das ist wohl unwahrscheinlich. Dazu
passiert so etwas doch zu selten. Aber erlernt, das könnte sein. Lernen bedarf allerdings auch der Wiederholung und Übung. Soll ein
Habicht das des öfteren erleben?

Rüd Brück. Es ist anzunehmen, daß er sich den Trick überlegt hat,
vermutlich unter Kombination verwandter Erlebnisse, wie auch wir

es machen. Das ist praktische Intelligenz. Viele Beobachtungen haben mich überzeugt, daß Tiere kognitive Leistungen vollbringen. Von Polypen wissen wir, daß sogar Wirbellose dazu in der Lage sind.

Otto Theobald. Wenn dem so ist, wundert man sich, daß so viele Humanpsychologen noch Anthropozentriker sind.

Rüd Brück. Vor allem, wo Tierintelligenz doch täglich vorkommt. Ich habe noch einen interessanter Fall. Eine bemerkenswerte Szene. Mein Hund liegt neben mir auf dem Sofa und schläft. Er richtet sich unerwartet auf und schaut mich konzentriert an. Ich überlege, was er meinen könnte. Ich sage: „Was soll ich tun, zeig's mir!" (Solche Sätze versteht er.) Da trabt er in die Küche, wo hinter der Tür ein altes Stück Seil an der Wand hängt, zwei Meter lang, mit Quaste, mit dem wir Jahre zuvor oft gespielt hatten, indem ich das Seil damals herumschleuderte und der Hund der Quaste nachrannte.

Otto Theobald. Ein beliebtes Spiel.

Rüd Brück. Ich gehe in die Küche, und siehe, der Hund steht dort und schaut zu dem Strick hinauf. Er hatte offenbar - wie soll ich es anders deuten? - , während er neben mir lag, diesen Einfall gehabt. Ihm war auf irgend einem assoziativen Weg das Spielzeug in den Sinn gekommen, ohne daß er es gegenständlich mit den Augen sah. Das war also keine empirische Motivation, sondern eine rein geistige, innerliche. In seinem Gehirn waren Bilder am Werk gewesen, die er für sich solange verarbeitete, bis ihn eines davon anregte, mich aufzufordern.

Otto Theobald. Ein Umgang mit Ideen.

Rüd Brück. Mir kann keiner erzählen, daß ein Tier nicht Ideen hätte. Viele Wissenschaftler haben den Verdacht, können aber gegen den Moses-Mythos nicht recht an. Sie müssen mit der „schrecklichen Tatsache" der Tierintelligenz vorsichtig umgehen.

Otto Theobald. Eben ist jemand zur Haustür rein. Er sah aus wie der Doktor aus Bad Endorf.

Rüd Brück. Das kann sein. Der kommt manchmal vorbei.

Otto Theobald. Ja, natürlich ist er's. Anscheinend meint er, es ist

niemand da. Hallo, wir sitzen hier in der Bibliothek!
Wolfgang Rupprecht. Darf ich mich dazusetzen? Ich will kein Wort
sagen, nur zuhören. Habt ihr mal wieder ein neues Welträtsel entdeckt?
Otto Theobald. Es geht darum, ob auch Tiere Intelligenz besitzen,
und unsere These, daß die Menschheit eine Schädlingsplage ist.
Wir halten eine Art Klausurtagung ab, denn das sind keine offiziel-
len Themen.
Wolfgang Rupprecht. Einen Arzt interessiert das. Die Menschheit
als pathologische Entartung der Natur - so etwas habe ich schon öfter
bei euch gehört. Was hat das mit der Intelligenz der Tiere zu tun?
Otto Theobald. Sind sie intelligent und haben Bewußtsein, sind sie
dem Menschen verwandt.
Rüd Brück. Ja, eben das ist die Achse, um die sich das Problem
Menschheit dreht: Gehört die Art Mensch zu den Tieren, so ist sie
der ganzen Natur wesensverwandt, und allen Lebewesen steht dann
jene Würde zu, die der Mensch bisher für sich reserviert hatte; denn
es gibt dann keine grundsätzliche Bevorrechtung des Menschen.
Wolfgang Rupprecht. Oh weh! Das muß sich die Kirche gefallen
lassen.
Rüd Brück. Sie soll froh sein, daß eine Prüfung mit Ergebnis endlich stattfindet.
Otto Theobald. Klar. Denn sie ist ja überzeugt, daß sie die Wahrheit
besitzt, daß also jede Prüfung sie bestätigen wird. Mit dem Verbot
einer logischen Prüfung macht sich jeder nur verdächtig, nicht an die
eigene Religion zu glauben.
Wolfgang Rupprecht. Dann fangt mal an! Eure Mühe wird euch
viel nützen.
Rüd Brück. Ihre Lehren über die Stellung des Menschen in der Welt
sind sehr genau zu überprüfen, nachdem sie ja zur Beurteilung der
Menschheit eingesetzt werden. Was passiert, wenn sie in Wahrheit
nur Phantasie sind? Acht humane Embryonalzellen besitzen bereits
die vollkommene Würde des Lebens, aber sogar ein ausgewachsener
Wurm bleibt nach anthropozentrischem Glauben würdelos - solange

das die landläufige Ansicht ist, haben wir eine Ideologie, mit der etwas nicht stimmen kann.

Wolfgang Rupprecht. Das ist eine harte Prüfung. Meinetwegen sollen die altchristlichen Dogmen wahr sein. Aber auch Religion muß stimmen, muß zur Welt passen. Das kannst du allerdings nicht verordnen. Wer irrational religiös ist, dem muß Gelegenheit gegeben werden, selbst zu erfahren, ob seine Vorstellungen logisch unbrauchbar sind, sonst wächst ihm keine innere Überzeugung.

Rüd Brück. Keine belastbare Überzeugung.

Wolfgang Rupprecht. Ich meine: Will einer nicht auf Argumente eingehen, soll man ihn irgend etwas glauben lassen. Warum soll er sich nicht an der leiblichen Himmelfahrt der Maria begeistern, wenn er unbedingt will? Vom normalen Menschen kann man erwarten, daß ihn ein überlegenes Argument mit der Zeit überzeugt. Man muß es ihm nicht diktieren. Dann hört er von selbst auf, einfach nur unkritisch irgend etwas zu glauben, was ihm vorgesagt wurde. Wahrheit leistet von selbst Überzeugungsarbeit. Man muß sie nicht mit dem Schwert verbreiten.

Rüd Brück (ringt die Hände). Hätte es doch nur rechtzeitig am Beginn der Neuzeit ein nachvollziehbares Argument für oder gegen uralte Weltanschauungen gegeben!

Otto Theobald. Egal, wenn es nun fünfhundert Jahre später kommt.

Rüd Brück. Das ist nicht egal. So driftete das Bild von der Welt wie ein unkontrolliertes Flugzeug im Wind der Jahrhunderte dahin. Das philosophische Unvermögen der Naturwissenschaften haben die Kirchen genau beobachtet. Darum haben sie momentan auch aufgehört, ihr Weltbild zu diktieren. Sie brauchen kein Diktat. Ihre Glaubenssätze . . .

Otto Theobald. . . . der Islam diktiert noch! . . .

Rüd Brück. . . . siedeln heute herrlich unbehelligt in der Ruhe einer Felseninsel im Meer, und rundum plätschern sich die hereinbrechenden Wogen der Erkenntnisse tief unten am Strand zu Tode.

Otto Theobald. Hehehe. Auf einer Insel hat es aber noch niemand ewig ausgehalten.

Rüd Brück. Der Mensch muß ein geprüftes Weltprinzip einsetzen können, das die Naturgesetze wissenschaftlich einwandfrei mit beinhaltet, ein Grundaxiom, dem keiner widersprechen will, weil es der Logik in allen Punkten gehorcht, und das sichere Aussagen über das Transzendente dort gestattet, wo die Naturwissenschaften aufgeben. Erst mit seiner Hilfe kann er ohne Überredung und ohne Diktat und ohne Meinungslärm ein Gespräch beginnen. Du erwähnst den Islam. Ja, dort wird noch diktiert. Die ganze Menschheit soll den Lehren des Koran folgen. Wer den fundamentalen Islam ablehnt, ist nicht wert, zu leben. Die Erschütterung und tiefe Verunsicherung der Religionen durch die Ratio macht die Massen aggressiv.

Wolfgang Rupprecht. Die internationale Politik hat, seit der Islam wieder auf die Weltbühne tritt, ein Dilemma. Man hätte gern, daß der Islam auf die westliche Welt zugeht. Das ihm zu sagen, ist eine einladende Geste nach Arabien. Der Islam betont aber, das nicht nötig zu haben und möchte der Welt den Koran diktieren, statt auf sie zuzugehen.

Rüd Brück. Diktieren, ohne mehr als eine Mythenwahrheit anbieten zu können.

Otto Theobald. Es würde mich aber wundern, wenn nicht vor einem allgemeingültigen Prinzip alle irrationalen Anschauungen nacheinander zurückträten.

Rüd Brück. Das ja, denn alle Religionen waren schon selbst Versuche eines Urprinzips. Es ist freilich ein Hindernis darin, daß jeder ja von sich annimmt, das Resultat längst zu haben. Volksstämme, bei denen mit Trommeln Geister herbeigerufen werden, halten ihren Glauben für wissenschaftlich einwandfrei geklärt. Stämme, bei denen das Gehirn von Getöteten verzehrt wird, sind überzeugt, daß deren Fähigkeiten auf den Kannibalen übergehen. Wir im Westen lachen über diese Anfangsstufen. Aber tappt nicht auch noch die moderne Wissenschaft ständig im Dunkeln, die Physik, die Kosmologie, die Biologie? Obwohl sie im Besitz der Logik ist? An abenteuerlichen Annahmen wird nicht gespart, wenn es um den Beginn des Universums oder des Lebens geht. Wird nicht das nächste Jahrhundert über das jetzige lachen, wie wir über die Kannibalen?

Wolfgang Rupprecht. Wie aber, wenn die heutige Logik doch noch nicht das Endziel wäre? Vielleicht führt erst eine nochmals höhere Logik zur wahren Rationalität, und das Urprinzip ist noch nicht die letzte Weisheit?

Rüd Brück. Das ist sicher nicht anzunehmen. Denn die übliche Logik von Arithmetik und Algebra paßt auf die Wirklichkeit. Sie gestattet zum Beispiel, die Vorgänge im Atom zu erfassen. Die Naturgesetze repräsentieren diese Mathematik, und die Technologie folgt ihr ebenso unzweideutig.

Otto Theobald. Kein Problem. Mit dem Urprinzip sehen wir diese Logik im gesamten Sein bestätigt, auch in der Transzendenz, nicht nur im empirisch zugänglichen Diesseits.

Wolfgang Rupprecht. Ein elementares Prinzip, das die Logik für alles zuständig erklärt, was überhaupt existiert, müßte also auch die Prüfbarkeit der Glaubenssätze garantieren.

Rüd Brück. Logik und Wirklichkeit müssen sich decken, und jeder muß das nachvollziehen können. Irgendwann, sobald es möglich ist, wird deshalb jeder Glaubenssatz der naturwissenschaftlichen und mathematischen Prüfung unterworfen.

Otto Theobald. Wir stellten fest, daß der Islam seine mythologische Version noch immer diktieren möchte. Weil er immer eine viel geradlinigere monotheistische Linie verfolgte als das Christentum, hat der Mohammedaner viel mehr als der Christ das Gefühl, daß keiner es besser weiß als er.

Rüd Brück. Der Islam ist in der Tat eine Religion mit hohem Ethos.

Otto Theobald. Jawohl, durch die Idee des Einen. Nicht aber durch das Drumherum. Der Koran versucht die Erklärung aller Dinge unter Berufung auf die Autorität Allahs, nicht indem er sie aus einem logischen Urprinzip ableitet. Aber wenn man wissen will, was die Sterne sind, wird nun einmal leider mehr verlangt als die Kenntnis der Mythen. Der Islam gebraucht also die Ratio nicht. Trotzdem: Daß sie ihm in gleicher Weise wie den westlichen Wissenschaftlern etwas gilt, daß er sie will und schätzt, ist sichtbar, weil er ja aus dem Koran

Erklärungen gewinnen will. Der Mohammedaner versteht seinen Koran als ein Buch der Aufklärung und hat also ursprünglich nichts gegen Aufklärung. Gern übersieht man: Der Aufschwung der mathematischen Logik und damit der Vorsprung Europas vor dem Islam wurde dadurch in Gang gesetzt, daß die Physik zur hauptsächlich zur Technisierung des Krieges und der Wirtschaft führte, während im Reich des Islams der Prozeß nicht stattfand.

Wolfgang Rupprecht. Das ist so, wie du sagst. Der Islam könnte den Vorsprung auch rasch aufholen . . .

Rüd Brück. . . . wenn er wollte . . .

Otto Theobald. . . . aber im Moment sind die Dinge vorgegeben. So wird ein Mohammedaner auch die Initiative der Platonakademie, von der Antike bis jetzt, gar nicht wahrnehmen wollen.

Rüd Brück. Das Bild von dem einen Gott aktiviert allzu starke Emotionen, und die verleiten die Gläubigen, an der irrationalen Welterklärung festzuhalten. Ist es nicht so, daß ein einzelner Gott, weil er höchstes Prinzip ist, den aggressiven Rangordnungstrieb des Menschen mobilisiert? Da werden Zusammengehörigkeitsgefühle und bedingungsloser Gehorsam geweckt. Die Intoleranz des Monotheismus erklärt sich so auf natürliche Weise als Instinkt, und das läßt uns voraussehen, welch starke Widerstände dem Urprinzip von dort drohen, und auch wie lange.

Wolfgang Rupprecht. Den Ranginstinkt einbeziehen, ist etwas Neues.

Rüd Brück. Mit dem Ranginstinkt erklären wir vieles ganz außerordentlich einfach, auch das Verhalten der gläubigen Masse. Heerführer, Priester, König, Präsident, Kanzler - sie alle folgten und folgen, sobald sie Führung übernehmen, diesem Verhaltensmuster. Der Alpha-Mann an der Spitze der Urhorde wurde nach seinem Tod zum befehlenden Gott. Menschen erkennen mit Leidenschaft seine Führung an und verteidigen sie. Sie unterwerfen sich ihm instinktiv. Der Rangordnungsinstinkt tritt also in zwei Varianten auf, die komplementär sind: Dominanz und Unterwürfigkeit. Die Loyalität zum Anführer spiegelt sich nun im emotionalen Kampf der Religionen

gegen andere Religionen. Das ideale, höchste und ehrwürdigste Amt
einer Gesellschaft hat ja nicht ihr Präsident inne, der schon durch
seine Wählbarkeit sowieso eine gewisse Dominanzschwäche signali-
siert, sondern ein ewiger, transzendenter Gott, den kein Pfeil erreicht,
der wunderbar mächtig allen Angreifern entrückt ist. Das Volk der
Gläubigen hier und das Volk der Gläubigen dort treten also zur
Schlacht an, auch wenn ihre Anführer imaginär sind.

Otto Theobald. So wird aus einem irdisch-ökologischen Programm
ein großer ontologischer Irrtum abgeleitet.

Wolfgang Rupprecht. Damit ist die Menschheitsgeschichte ein
massiver Konfliktstoff. Gegen den rechtmäßigen Gott in den Kampf
zu ziehen, noch dazu mit einem anderen Gott als Rebellen, rechtfertigt, weil es ein die Gründe der Welt erschütterndes Erzverbrechen
ist, jede Grausamkeit. Kein Mittel wird im Religionskrieg als ungerecht empfunden.

Rüd Brück. Eben das ist es. Der Krieg um Troja, in dem unsichtbar
auch die Götter gegeneinander kämpften, ist der älteste bekannte
Fall. Ausschließlich der Rangordnungsinstinkt trägt die Verantwortung für die religiöse Intoleranz. Toleranz erfordert Kraftaufwand
gegen ihn und kommt also nicht von selbst zustande, sondern nur
durch Vernunft.

Otto Theobald. Gebrauchen wir aber überhaupt erst einmal die
Vernunft, dann können wir gleich das Urprinzip heranziehen und
von vorne beginnen, statt uns mit Emotionen zu plagen.

Wolfgang Rupprecht. Eine verflucht säkularistische Analyse, wenn
ich mal so sagen darf. Kein Wunder, daß sich die Menschheit da erst
recht lieber dem Irrationalen verschreibt, das nicht so strapaziös ist.

Otto Theobald. Demnach sollte also besonders für jede monotheistische Religion aggressiver Fundamentalismus typisch sein.

Rüd Brück. Ist er auch. Wir umgehen mit einem Axiom, das keine
Person ist, sondern ein Grundgesetz, den Rangordnungsinstinkt, denn
das oder der Höchste läßt sich jetzt nicht mehr durch Rangordnung
absichern, und Aggression wird abgebaut, Toleranz bekommt grünes
Licht.

Wolfgang Rupprecht. Du hebst die monotheistischen Religionen als besonders fundamentalistisch hervor. Vielgötterreligionen sind aber kaum liberaler. Muß man nicht, wie es Mohammed tat, anmerken, daß das Christentum mit Vater, Sohn und Gottesmutter und einem Schwarm von Heiligen, die man anbeten kann, weil sie göttliche Machtbefugnisse haben, eher eine Viel-Götter-Religion geblieben ist, ein Polytheismus? Vergleicht man mit dem Christentum die eindeutige Ein-Gott-Auffassung des Islams, so kommt einem das Christentum wie ein Olymp mit neuer Besetzung vor, aber seine Aggressivität ist nicht geringer.

Otto Theobald (lacht). Das Volk wollte Familie sehen.

Wolfgang Rupprecht. So irrational der Koran naturgemäß ist, ich bewundere gerade deshalb den klassischen Islam, der sich erstaunlich abstrakt über die Familienvorstellungen erhebt, obwohl er eine Religion des Volkes ist. Es ist eine große geistige Leistung dieser Kaufleute aus dem Orient, nicht in Familienbegriffen denken zu wollen, sondern das Eine zu betrachten und sich für den reinen Monotheismus zu entscheiden.

Otto Theobald. Das ist sympathisch.

Rüd Brück. Ja, ich habe den Eindruck, der Islam steht näher beim Urprinzip der Platonakademie als beim Götterhimmel des Christentums. Aber bei genauem Hinsehen muß man, wie gesagt, eben zugeben, daß ja bei ihm das religiöse Bewußtsein nicht weit genug auf rationalem Boden steht. Am Koran und seiner Kosmologie ist nichts, was die physikalische Wirklichkeit beschreibt, etwa die Bewegung der Planeten, die Physik der Atome. Vor allem nichts von einem logisch auswertbaren Axiom. Auch ist er völlig abgeschottet gegen die moderne Erkenntnis, daß gesellschaftliches Verhalten ganz wesentlich von angeborenen Instinkten beherrscht wird.

Otto Theobald. Auch unsere Sozialpsychologie war davon unberührt.

Rüd Brück. Ja. Distanz zu den Instinkten pflegen die biblischen Religionen permanent, indem sie genetisch begründete ethische Werte - keineswegs nur im Bereich der Sexualität - ablehnen, und hier stehen ihnen nach alten Werten erzogene Psychologen, Philosophen und Politiker bei, die die Naturwissenschaften wie die Gesetzgebung gern mythisieren helfen.

Wolfgang Rupprecht. Ursprünglich erkennt übrigens der Koran die biologische Sexualität des Menschen an. Er gibt der Sexualität eine Chance, indem er die berühmte Mehrfrauenehe gestattet. Was er verhindert, ist die öffentliche Verwilderung der Sexualität, indem er außereheliche Beziehungen bekanntlich rigoros bestraft. Das klingt komisch, aber er rechtfertigt das mit der Notwendigkeit, irgendwo eine öffentliche Ordnung zu erhalten. Die Privatsphäre trennt er davon. Das ist tolerant und menschlich, obgleich die Mehrfrauenehe ja im Islam meist unmenschlich und seelenlos ist.

Otto Theobald (warnend). Das ist Sprengstoff, Wolfgang! Obwohl nämlich die Sexualität reine Natur ist, spaltet dieses Thema wie kein anderes die Bevölkerung in konträre Lager, die sich mit Verachtung begegnen oder gar bissig beschimpfen.

Rüd Brück. Sexualität ist in der Tat ja etwas Privates. Sie gehört in den persönlichen Bereich und ist nicht Sache der anonymen Massengesellschaft, in der sie sich bekanntlich ziemlich anarchisch ausnimmt.

Wolfgang Rupprecht. Du hast recht. Die erweiterte Ehe des Islams gibt, als Liberalisierung, dem Westen Anlaß zum Nachdenken, auch wenn das Modell kaum praktikabel ist. Sexualität ist, genau genommen, das biologische Gesetz der gegenseitigen Wertschätzung, und im Islam - es gibt immerhin so viele Muslime wie Christen - wird die Wertschätzung wenigstens aufrichtig ermöglicht. Nicht jedoch bei uns. Hier wird sie scharf beschnitten.

Otto Theobald. Soviel ich weiß, hat der Prophet die Ethik einer Mehrfrauenehe erst verkündet, nachdem er bei Allah nachgefragt hatte.

Rüd Brück (amüsiert). Eyo Roth hat letzthin in einem Vortrag dem Publikum begründet, warum die Urgemeinschaft wahrscheinlich polygyn gewesen ist, mit Neigung zur Polygamie. Diese Form der familiären Gemeinschaft sei uns angeboren. Anschließend an den

Vortrag gab es eine Schlägerei.
Wolfgang Rupprecht (lacht).
Rüd Brück. Es ist schon richtig: Die Sexualität ist das biologische
Prinzip der Wertschätzung des Nächsten, also das grundlegende
Prinzip der Nächstenliebe. Was für ein Ethikkonstrukt muß das nun
sein, das die Nächstenliebe genau dann außer Kraft setzt, sobald -
wie der Prophet es vorsieht - mehr als zwei Personen, um sich
menschlich zu achten, eheartig zusammenleben wollen? Den Fall
gibt es ja manchmal auch bei uns im Westen.
Otto Theobald. Eine Spaltung Nächstenliebe/Sexualität funktioniert
nur, wenn die Erotik - wir meinen damit die Kultur der Sexualität -
für sich allein verteufelt wird. Dann kann man nämlich behaupten,
nur die unanständige Praktizierung der Nächstenliebe treffen zu
wollen.
Rüd Brück. Die Erotik, die man momentan serviert bekommt, ist
natürlich viel flacher Mist. Das entschuldigt sogar in meinen Augen
die Spaltung. Schon das Wort „Sex" klingt nach einem Abfertigen,
nicht nach einem Beachten des Nächsten.
Otto Theobald. Das finde ich nicht. Sex ist nur eine Abkürzung.
Wolfgang Rupprecht. Der Eindruck eines Wortes ist keine Neben-
sache.
Rüd Brück. Es gibt zu viele, die die Erotik wie eine Kultivierung
des Juckreizes wahrnehmen, und die drängen damit auf den Kon-
summarkt. Aber das Thema Sexualität ist andererseits zu einem der
großen Gegenwartsthemen geworden. Das beweist unübersehbar die
breite Öffentlichkeit einschließlich der Medien. Die Erotik ist in süd-
lichen Ländern fast schon die wichtigste Art der Begegnung zwischen Menschen. Nimm Brasilien. In Europa hält sie gegenwärtig
Einzug. Wir können dieses global auftretende Phänomen, das enger
an das Wesen Mensch gebunden ist als die Kirche uns verraten hat,
keinesfalls beiseite schieben.
Wolfgang Rupprecht. Leider leben wir mit der Erschwernis, daß
durch das Für und Wider die Sexualität historisch belastet ist. Als die
Kirchenväter zur Sexualfeindlichkeit aufriefen und die unbefleckte

Empfängnis der Maria zum Dogma machten, gab es noch keine
Biologie. Es fiel ihnen nicht auf, daß ihnen die Verdrängung der
Geschlechtlichkeit aus der höchsten Instanz des Seins mißlungen
war: Der Gott blieb nämlich als Vater männlich, und sein Sohn Christus auch. So war es überflüssig, eine sexuelle Zeugung Christi abzustreiten. Sie setzten einfach einen Irrtum in Gang, ohne sich bewußt
zu werden, daß sie, wenn sie die Zweigeschlechtlichkeit des Menschen als abscheulichste Sache der Welt verteufeln, ihre eigene Entstehung bespucken. Hätte es die Biologie schon gegeben, wäre niemandem eine solche Sexualfeindlichkeit eingefallen.

Rüd Brück (winkt beruhigend ab). Heute wittert die Basis in der
Sexualfeindlichkeit eine altertümliche Perversion, und es kommt
nicht mehr auf die Kirchenspitze an. Den Altchristen zeigt sich der
Islam eben weit überlegen, und er wird auf den Westen abfärben.
Auch sonst ist er dem Christentum überlegen. Etwa mit dem Weiterleben nach dem Tod. Das Weiterleben entspricht dem, was aus dem
Urprinzip folgt, nach welchem ja mit dem Ich, der Seele, auch der
Organismus in den Unendlichen Ordnungen weiterlebt, obwohl er
auf der Erde zerfallen ist. Auch der Islam glaubt an das Wiederauferstehen des Leibes. Das Christentum läßt nur ein unkörperliches Ich
weiterleben.

Otto Theobald (ironisch). Das wäre wohl sonst ein Problem, weil
der Körper den Himmel glatt sexualisieren würde. Die altchristliche
Lehre geht ja irrtümlich davon aus, daß Sexualität nur eine Sache des
Körpers sei.

Wolfgang Rupprecht. Nach dem Koran ist Erotik sogar im Himmel
nicht abwegig. Dort warten - durch die berüchtigten Selbstmordattentäter hat das jeder mitbekommen - die Paradiesmädchen. Huris
heißen sie. Ihr wißt, wie erfolgreich die Kirchen ihren Namen verunglimpft haben.

Otto Theobald. Ich fürchte, in diesen Dingen sitzt der Islam trotz
allem nicht sicher im Sattel. Die Altchristen verketzern die Sexualität
so entschieden, daß selbst Muslime davon angesteckt werden und
ihrer Ethik zunehmend mißtrauen. In der Türkei ist die Polygynie

bereits illegal, und moralisch hält die Monogamie Einzug. Warum
beharrt der Islam in diesem Punkt nicht auf seinen Anschauungen,
wo er doch sonst seine Prinzipien so orthodox verteidigt?

Wolfgang Rupprecht. Das kann ich dir sagen. In sexuellen Dingen
neigt der Mensch dazu, sich zu schämen, weil die Privatsache
Sexualität, wenn sie in die Öffentlichkeit kommt, dort von Natur aus
deplaziert ist. Alle erzkonservativen Altchristen - immerhin ein er-
heblicher Teil der westlichen Menschheit! - betreiben ihren Kampf
gegen die Erotik gezielt mit Entwürdigungen. Sie setzen verbale Ge-
schosse ein wie Schande, Unsittlichkeit, Verwahrlosung, Primitivität,
niedrige Gesinnung, Unzucht. Politiker im Islam, wie auch Geistliche
und Frauen, werden dadurch instinktiv verunsichert. Der Islam will
vor dem Westens nicht mit niedriger Gesinnung dastehen . . .

Rüd Brück. . . . und eine Philosophie, eine richtige Theorie der
Erotik, die man ins Feld führen könnte, haben sie nicht. Dabei wäre
sie so dringend nötig. - Ich möchte die Gegensätze der Religionen
jetzt aber nicht auf die Erotik verengen.

Otto Theobald. Also noch einmal ganz allgemein. Daß die alte
christliche Ethik mit den sozialen Veranlagungen des Menschen
nicht immer bestens zurecht kommt, ist bekannt. Die Nächstenliebe
gibt dafür ein Beispiel. Jeder sieht, daß sie in der Massengesellschaft
weltweit überhaupt nicht funktioniert. Die Christen haben sie zwar zu
ihrem Leitmotiv erkoren, und sie ist wirklich eine große Idee . . .

Rüd Brück. . . . für die zukünftige Menschheit! . . .

Otto Theobald. . . . und stärkt als solche das Ansehen des Christentums nachhaltig, aber sie harmoniert nicht mit der Natur des
Menschen, mit seinen Verhaltensmustern, sobald er in der Masse
lebt, wo ihm Nächstenliebe soviel wie Liebe zum unbekannten
Artgenossen bedeuten soll. Soziologie, Psychologie und Religionen
haben an dem Problem vergeblich herumgebastelt, bis Konrad Lorenz das Tor zum artspezifischen Verhalten fand und aufstieß: Nächstenliebe gegenüber Unbekannten ist nicht artspezifisch für uns.
Da können wir nur mit lehrhafter Verdrängung des Instinkts etwas
ausrichten. Und der läßt sich nicht löschen wie eine PC-Datei.

Rüd Brück. Ich weiß. Vielleicht wird man auch - spätestens wenn eine künstliche Korrektur unseres Instinkts die Fremdenfeindlichkeit gedämpft hat - gerade der Nächstenliebe wegen von einem Neuchristentum sprechen, selbst wenn alle altchristlichen Ideale versagt haben sollten.

Wolfgang Rupprecht. Du deutest es an: Möglicherweise wird man einmal den Menschen genetisch dahin verändern können, daß die Nächstenliebe paßt. Ich glaube an so etwas.

Rüd Brück. Ich auch. Dazu müßte der Ranginstinkt gebändigt werden. In der Urzeit war der Fremde nur der Feind, der die herrschende Rangordnung in der vertrauten Gruppe störte. Er mußte sich durch Kämpfe eingliedern. Auch heute muß er sich eingliedern. Aber wie soll das gehen, wenn nicht Kämpfe ausgetragen werden? Solange der Eingliederungskampf ein angeborener Instinkt ist, gibt es keine spontane Fremdenliebe.

Wolfgang Rupprecht. Wenn du die menschliche Urhorde studieren willst, kannst du das Wolfsrudel hernehmen. Das Wolfsrudel hat fast genau die Struktur der menschlichen Urhorde. Sonst würde sich der Hund nicht so nahtlos an den Menschen anschließen können. Der Hund verbellt jeden Fremden, der sich dem Grundstück nähert. Der Fuchs paßt dagegen nicht zu uns. Er ist von Natur aus ein Einzelgänger mit anderen Instinkten.

Rüd Brück. Also, dann sind wir uns da wohl ziemlich einig. Im ökologischen Leben stabilisieren Rangordnungstrieb und eifersüchtige Bewachung die Lebensgemeinschaft, und unbeschränkte Nächstenliebe ist ökologisch sinnlos. Sie ist aber eine große kulturelle Idee. Wir spüren das Ideale an ihr. Interessanterweise gibt es - um das noch einmal aufzugreifen - eine biologische Verbindung zwischen ihr und der Sexualität. Beide haben ja mit Liebe, mit gegenseitiger Zuneigung zu tun. Unbeschränkte Nächstenliebe verherrlichen und gleichzeitig das sexuelle Interesse verteufeln, das paßt irgendwo überhaupt nicht gut zusammen. Mit so etwas stürzt sich eine Ethik in den Zweifel an sich selbst. Wenn du die in aller Welt zunehmende Promiskuität beobachtetest - du mußt nur die Fernsehprogramme und den Tourismus studieren -, dann bemerkst du, daß sogar vielerorts über die Brücke Sexualität die Nächstenliebe in die anonyme Massengesellschaft einzieht, das heißt, es findet eine Ausdehnung der Privatsphäre statt, ein Ignorieren der Anonymität. Man will Fremde kennenlernen, mal mit, mal ohne Niveau. Wolfgang Rupprecht schweigt dazu?

Wolfgang Rupprecht. Nein, ich höre mir das an.

Otto Theobald. Ja, man sieht sich heute großen Schwierigkeiten gegenüber, wenn das alles in der Gesellschaft jetzt durch Liberalisierung und Bildung bewußt wird und zugleich noch soziologische Anschauungen voller mythischer Ethik benützt werden. Ohne Kenntnis der ökologischen Gesetze stehen Rangordnung, Fremdenfeindlichkeit, Sexualbedürfnisse und Eifersucht völlig beziehungslos im gesellschaftspolitischen Raum. Es ist vielen Politikern mißlungen, den Grund für die verbreitete Fremdenfeindlichkeit einzusehen. Man streitet sich mit nebulosen Argumenten. Man versteht die gegebenen Verhaltensmuster nicht. Man hält Fremdenfeindlichkeit für eine durch nichts begründete Abartigkeit.

Rüd Brück. Für mich steht fest: In der zukünftigen Weltordnung - falls sie jemals einer erlebt! - werden Nächstenliebe und Erotik in einem ethischen Verbund die Skala der Werte gemeinsam anführen. Das ist natürlich eine neue Ära, in der wir, anders als heute, nicht mehr so ökologisch gebunden handeln wie in der Steinzeit, sondern aus der Ökologie herausgelöst sein werden. Wir werden dann unsere Instinkte etwas anders gewichtet haben, so daß es trotzdem weiterhin Instinkte sein werden, die ja unsere unentbehrlichen Emotionen ausmachen.

Wolfgang Rupprecht. Mein Gott, was in der Gesellschaft nicht alles umgeräumt werden soll - da wird mir schwindlig! Ich möchte euch raten, das nicht alles in Angriff zu nehmen. Laßt diese Platonakademie fahren. Macht euch ein lustiges Leben und überlaßt alles der Entwicklung!

Rüd Brück. Was willst du, sehen wir trübsinnig aus? Wir machen uns das Leben ja schön genug!

Wolfgang Rupprecht. Ich weiß. Mit Philosophieren. Ihr werdet euch niemals ändern.

Otto Theobald. Überall entdecken wir also Konflikte zwischen Mensch und Masse. Le Bon hat das schon 1895 in seiner „Psychologie der Massen" umfassend erkannt. Uns wundert es nicht, daß so viele Menschen betrügen, bestechen, unterschlagen. Kriminalität ist eine Schwäche der Massengesellschaft.

Wolfgang Rupprecht. Sicher, wenn die Staatsordnungen dem biologischen Wesen Mensch mehr entgegenkämen, gäbe es keine Kriminalität.

Rüd Brück. Die Staatsordnungen, die Parlamente, versuchen nach Kräften, die Kluft zwischen Mensch und Masse zu schließen. Unsere Demokratie ist so gut konstruiert, daß die Charakterschwächen der Parteien möglichst kompensiert werden: Wenn es trotzdem mißlingt, liegt das nur an der ökologischen Pathologie der Masse, die nicht funktionieren *kann*.

Wolfgang Rupprecht (seufzt). Ist denn das Ganze nicht hoffnungslos?

Rüd Brück. Was soll ich antworten? Machen wir uns nichts vor: Die Antipathie gegen ein biologisches Menschenbild hat sich als äußerst willensstark und unnachgiebig erwiesen. Typische Hauptstationen waren die Ermordung der Mathematikerin Hypatía und das Verbot der Platonakademie. Damals erstickte man die Rationalität im Keim. Damit waren der Vernunft für das ganze Mittelalter Grenzen gezogen. Wenn heute nun auch noch der Islam gegen die Säkularisierung aufsteht, so wird das wieder belebt. Das Desaster von New York bestätigt: Es wirkten damals wie heute die gleichen Kräfte gegen das gleiche Objekt: die Aufklärung.

Otto Theobald. Ein gut gemachter Film über die Hypatía wäre eine deutlichere Antwort als Krieg.

Rüd Brück. Schreib das Drama! Ich erteile dir gern den Auftrag.

Otto Theobald. Es ist eher etwas für Steven Spielberg.

Rüd Brück. Man sollte sich der Hypatía einmal ernstlich annehmen .

Wolfgang Rupprecht. Besorgniserregend finde ich deine Bemerkung, daß die Staatsordnungen mit der Lösung des Konfliktes Masse/Individuum keinen Erfolg haben. Wohin die Reise geht, darüber werden uns in Kürze die konkreten Probleme belehren: Es wird eine Welt-Arbeitslosigkeit geben, fürchte ich. Es wird eine Krise der Ethik geben, eine der Religionen, die sich bekämpfen. Eine ökologische haben wir ohnehin, und eine soziale auch - schon jetzt haben wir alle Krisen in ihren Anfängen vor uns. Ich glaube aber auch, der Ausweg wird, wenn er erst einmal erkannt ist, auch freudig beschritten. Finden werden wir ihn, wenn wir nur die biologischen Lebensgrundlagen analysieren und die Eierschale des steinzeitlichen Irrdenkens abwerfen. Deswegen beeindruckt mich euer Gespräch, wenn mir auch manchmal die Emotionen durchgehen. Es war doch gut, daß ich dazugekommen bin.

Otto Theobald. Jetzt siehst du auf einmal optimistisch aus. Ein kompetenter Optimist ist nicht hoch genug zu schätzen.

Rüd Brück. Bevor du hier warst, haben wir uns darüber schon unterhalten. Vor allem das große Rotationsthema wird uns zu schaffen machen: Wie besiegt der Mensch Krankheit und Tod? Wie erreicht er einen Stopp des Alterungsprozesses in den Zellen? Wie sieht eine Gesellschaft aus, in der keiner mehr stirbt, in der also keine Renten bezahlt werden müssen, keine Alterspflege, keine Krankenversicherung. Alle sind jung und können arbeiten, vielleicht sogar unentgeltlich auf der Basis einer globalen Nachbarschaftshilfe. Nächstenliebe wird es ja dann geben wie Sand am Meer . . .

Wolfgang Rupprecht. Du bist ein Humorist. - Na gut, den Alterungsprozeß kann man stoppen. Das sieht man. Denn die recht unterschiedlichen Lebensspannen der Tiere sind in ihren Chromosomen programmiert. Vergleiche die Lebenszeit einer Maus mit der eines Elefanten. Wenn die Natur weiß, wie das Höchstalter manipuliert werden kann . . .

Otto Theobald. . . . dann laß die Genetiker mal in den Chromosomen suchen! Dein Vergleich der Lebenszeiten ist interessant.

Wolfgang Rupprecht. Sei dir sicher, die Nadel im Heuhaufen finden sie.

Otto Theobald. Nur bekommen wir dann das Übervölkerungspro-
blem nicht mehr los. Wie soll die Menschheit auf ihr ökologisches
Maß reduziert werden? Selbst wenn die Menschen, nachdem sie
nicht mehr sterben, keine Kinder mehr wollen, weil sie einsehen, daß
das zu nichts mehr führt, selbst dann bleibt die Menschheit auf den
ökopathologischen Zahlen des zwanzigsten Jahrhunderts sitzen.
Rüd Brück. Ich weiß es nicht genau. Ich weiß nur: eine Generation
ohne Kinder, und schon wäre die jetzige Menschheit erloschen. Also
brauchen wir einen Mittelweg zwischen Alles und Nichts. Noch bevor die Lebenserwartung zu stark zunimmt, muß eine Geburtenpause
herbeigeführt werden.
Otto Theobald. Wer soll sowas wie und wo „herbeiführen“?
Rüd Brück. Ich stelle die Hypothese auf, daß die Menschheit, sobald
sie geistig fähig ist, das Alter zu stoppen, auch ethisch fähig ist, die
Geburtenpause herbeizuführen.
Otto Theobald (nach einer Schweigeminute). Am besten fügen wir
dem nicht die Fragen hinzu, die du aufwirfst.
Wolfgang Rupprecht. Keine Nachkommen mehr - bei beliebiger
Lebensverlängerung? Das zerstört sowieso den Mythos von Himmel
und Hölle. Mit Besorgnis sehe ich, Brück, daß die Platonakademie
die Zielscheibe bleiben wird, die sie immer war. Keine Religion
bekennt sich zur Aufklärung, keine duldet andere religiöse Inhalte als
die eigenen. Das Altchristentum müßte sich geschlossen zu dem
fortschrittlichen Neuchristentum bekennen, wenn es dem Islam
inhaltlich entgegenkommen wollte.
Otto Theobald. Zur Zeit findet erst einmal eine bloße Begegnung
zwischen Christentum und Islam statt - der Vergleich der Inhalte ist
vertagt.
Rüd Brück. Vergiß nicht, einen inhaltlichen Glaubenspluralismus
haben wir bereits. Was du da aufgreifst, Otto, ist ein Problem unter
Theologen, die die Zügel, aber nicht das Pferd in der Hand haben.
Sie werden an ihren Kathedern reden und reden, während die
Öffentlichkeit längst mit den Inhalten ins Gericht geht. Und in diesen
inhaltlichen Dialog, der sich gleich nach der gegenwärtigen Begeg-

nungsphase anbahnen wird, greift mit Bestimmtheit das elementare Prinzip ein, das Prinzip aller Dinge, nicht mehr das mythische Gebot, dessen Zeit abgelaufen ist.

Wolfgang Rupprecht. Der Weg zur optimalen Rationalität - und die meinst du ja - ist sicher unumkehrbar. Es gibt keinen Rückschritt. Aber Stillstand gibt es. Während im Mittelalter gedankliche Auseinandersetzungen unter Religionen wegen der unzureichenden Kommunikation undenkbar waren, bleibt heute, das sieht man deutlich, der inhaltliche Dialog weiterhin illusorisch, *obwohl* die Kommunikation zwischen den Religionen nun technisch möglich geworden ist.

Rüd Brück. Die Inhalte gehen dank der sehr viel aktiver gewordenen Machtmonopole unter. Hinter ihren Mauern haben es die führenden Theologen nicht nötig, mit einander über Inhalte zu sprechen. Ihr Hauptziel ist es noch immer, die Entmythologisierung abzuwenden und die ökologische Beurteilung der Lage der Menschheit zu verhindern. Man muß vom Irrationalismus als von einer regelrechten Weltanschauung sprechen. Er ist nicht nur ein Mangel an Gedankenschärfe, sondern wir haben hier die berechnete Konzeption der Begrifflosigkeit. Er schürt unverdrossen Unklarheit, weil er nur von ihr sich Einfluß erhofft.

Otto Theobald (bissig). Das Rezept der politischen Parteien.

Rüd Brück. Als zu Beginn der Neuzeit, nach der Eroberung von Konstantinopel, die Handelswege nach Indien und Ostindien über Land versperrt waren und dafür die Umsegelung Afrikas nötig wurde, begann sich das erste Kommunikationsnetz rund um die Erde zu legen. Getragen wurde es von Holzschiffen. Heute wird es von Satelliten getragen. Alle irrationalen Kräfte sind nun direkt miteinander verbunden und helfen sich gegenseitig auch bei der mythisch unterlegten Beurteilung der Menschheit.

Otto Theobald. Mutet es nicht paradox an, daß diese moderne Unterfütterung des Irrationalen ausgerechnet durch diejenige Wissenschaft möglich wurde, die die Weltanschauung dem Verstand übergeben wollte?

Wolfgang Rupprecht. Welche meinst du?

60

Otto Theobald. Die Astronomie. Sie ist die älteste Wissenschaft. In ihrer Kindheit hieß sie Astrologie. Astrologie ist die metaphysische Urmutter von Mathematik und Physik, und als Astronomie und brachte die Erforschung der Erde ins Gespräch, und dann ging es so weiter bis zur Landung auf dem Mond. Aber als 1968 zum ersten Mal Menschen den Mond umkreisten, lasen sie den Erdbewohnern Texte aus der Schöpfungsgeschichte vor.

Rüd Brück. Die ist wie ein Meteorschweif. Er verglüht zwar, aber dazwischen leuchtet er immer noch einmal auf.

Otto Theobald. Ich habe einige diskutable Vorstellungen, wie es zum Rückstand des Islams gekommen ist.

Wolfgang Rupprecht. Gib mal etwas davon preis. Es wäre eine Lücke, würden wir den Islam als historischen Faktor hier vernachlässigen.

Otto Theobald. Ich muß ein wenig ausholen. Der Islam konnte die Kreuzzüge als „Mitbringsel" des Westens gerade noch verdauen. Aber als die Portugiesen nach der Eroberung von Konstantinopel auch noch nach Indien gelangten und dort erneut auf die Mohammedaner einprügelten, wurde das Verhältnis zwischen Islam und Christentum schwer beschädigt. Bald setzte der Islam pauschal Christentum = Westen und beobachtete mit Abscheu die Ursachen dieser Räuberei, zu denen er auch die Astronomie zählte und die Kenntnis von den Ausmaßen des Globus, die Hochseeschiffahrt . . .

Wolfgang Rupprecht. . . . er blickte ja sowieso schon von oben herab auf den verkappten Polytheismus.

Otto Theobald. Alles, was jenseits des Mittelmeers war, und später alles, was sich in Amerika tat, sahen sie nun unter dem Schock der Christlichen Seefahrt. Es war zwar die Astronomie, die zum Fernverkehr ermutigt hatte - sie alleine hätte der Islam sicher honoriert - aber verdorben hatten den Ruf des Westens in der Welt die Seefahrer. Der ganze Orient verlor das Vertrauen und beargwöhnte aus Angst schließlich auch die sich vom Westen her ausbreitenden Wissenschaften. Westliche Mathematik wurde nicht mehr gewürdigt. So verpaßte der Islam dann zwangsläufig auch den technologischen

Anschluß. Natürlich hatten die Intellektuellen nicht das Sagen.
Rüd Brück. Ich verstehe. Vorher hatten sie sich nämlich großzügig
für die europäische Philosophie interessiert und hatten die Astronomie weiterentwickelt. Bedenke, sie kannten bereits die ganze Sphäri-
sche Trigonometrie und hatten die Algebra, das Umformen von Gleichungen erfunden.
Otto Theobald. In solchen Dingen war der Westen lange hilflos.
Der arabische Anlauf zu einer Aufklärung war aus Neigung zur grie-
chischen Philosophie geschehen, zu Europa also. Aber von Europa
hatten sie nun, nach den Kreuzzügen und der Eroberung Indiens, die
Nase voll, weil sich herausstellte, daß die Christen, und überhaupt
die europäischen Erben der Antike, unter der Schirmherrschaft einer
unverständlichen Nächstenliebe alles Nichtchristliche massakrierten.
Wolfgang Rupprecht. Kann sein. Das siehst du psychologisch recht
zutreffend. Christentum hin, Christentum her, pauschal alles, was aus
Europa kam, wurde unbeliebt.
Otto Theobald. Man fing an, die europäische Wahrheitssuche anders
zu bewerten. Im Zuge der Sympathiewandlung wurde der Rationalismus mehr und mehr als Teufelszeug erlebt, der Koran gleichzeitig
aufgewertet. Das besorgten schon damals die Fundamentalisten.
Sie wurden nun aufmerksamer angehört als je zuvor und konnten
leicht verbreiten, was der Islam schon immer gern sagen wollte,
nämlich daß der Koran mehr Wissen zu bieten habe als die rationalen
Wissenschaften der Satanswelt. Erinnerungen an eigene Forschungs-
erfolge verblaßten oder wurden geächtet.
Wolfgang Rupprecht. Demnach wäre der Auftakt zur Intoleranz in
der Entdeckungsgeschichte Europas zu suchen.
Otto Theobald. Während sich also Europa der Aufgabe zuwandte,
immer neue Bereiche der Welt mathematisch zu erklären, vergrub
sich der Islam in die Mythologie. Einige islamische Forscher haben
sogar noch bis zur kopernikanischen Wende mit der europäischen
Geschichte Schritt gehalten, dann haben sie abgedreht, und zum
Schaden des Islam gerade in dem Moment, als die Naturwissenschaften die Ära der Kriegstechnologie einläuteten, die dann die

politische Macht des Westens aufbaute. Die Technologie war damals nichts anderes als die Umsetzung von Wissenschaft in politische Macht. Der Islam, selbstzufrieden, bemerkte nicht mehr viel davon.
Wolfgang Rupprecht. Und heute trennen uns von ihm gerade diese Jahrhunderte. Ja, deine These gefällt mir. Die Auffassungen sind mit der Zeit grundverschieden geworden. Islamische Politik zu kapieren, ist für uns heute schwierig, weil wir überall ein Forschungsergebnis sehen wollen.
Otto Theobald. Sein Verständnis von Wahrheit, Gerechtigkeit, Krieg und Frieden ist uns fremd. Wer soll das verstehen: Djihad ist Krieg zur Verbreitung des Islams, aber Verbreitung des Islams ist Frieden, weil der Islam überhaupt keinen Krieg führt. Er selbst hat sich dann aber doch in den Fitna-Kriegen innerlich zerfleischt und behauptet gleichzeitig, Krieg führen nur nicht-islamische Völker.
Rüd Brück. Bassam Tibi - gib doch mal seine „Einladung in die islamische Geschichte" her, dort steht das Buch, das blaue - erklärt das so: Er sagt, wenn dem Aufruf, dem Islam beizutreten, nicht Folge geleistet wird, dann wenden die Muslime Gewalt an, „sehen in ihrem Angriff allerdings einen defensiven Akt, sozusagen eine Notwehrsituation".
Wolfgang Rupprecht. Stimmt. Der Islam sagt das.
Rüd Brück. Der Westen deutet das eher als Logik des Orients. Im übrigen hatte ich mich zunächst gefreut, in Tibi einen Kenner der europäisch-arabischen Geschichte entdeckt zu haben, aber ich kann ihm in manchen Dingen nicht folgen. Die römische Kultur rechnet er - und trifft natürlich, glaube ich, genauso die griechische - nicht zur europäischen Kultur, sondern das sei eine separate Kultur, nämlich eine mediterrane, sagt er.
Otto Theobald. Tatsächlich?
Rüd Brück. Als ob der nördliche Mittelmeerraum nicht in Europa läge. Und als ob Griechen und Römer nicht Indogermanen wären. Damit will er seine These unterfüttern, Europa habe keinen Grund, sich etwas besonderes auf seine Vergangenheit einzubilden. Europas Geschichte beginne erst zur Karolingerzeit, nach der des Islam.

Wolfgang Rupprecht. Das kann er nicht machen. Um dir vorhalten zu können, daß du nichts hast, nimmt er dir weg, was du hast.

Rüd Brück. Er bekennt sich zur rationalen Geschichtsanalyse und schneidert für sie eine willkürliche Geographie zurecht.

Otto Theobald. Vielleicht sein persönlicher Djihad, diesmal ein wissenschaftlicher?

Wolfgang Rupprecht. Das meinst du doch wohl nur ironisch.

Rüd Brück. Wir müßten ihn wegen der Sache fragen, bevor wir uns festlegen. Der Geisteswissenschaftler Bassam Tibi weiß zum Beispiel auch, daß die nach-mittelalterliche Technologie dem Westen den Vorsprung in der Globalisierung verschafft hat. Aber er sieht in ihr keine Leistung, mit der er folgerichtig ja auf eine Vorrangstellung Europas schließen würde.

Wolfgang Rupprecht. Naturwissenschaft ist in den Augen des Geisteswissenschaftlers nie eine höhere Leistung. Technologie erst recht nicht.

Rüd Brück. Gut. Unsere Meinungen hier sind die Meinungen von Nichthistorikern, aber sie sind vielleicht ein Denkanstoß. Denn Historiker reden in diesen Fragen über eine Materie, deren Kräfte sie nur schwer beurteilen können. Welcher Geschichtswissenschaftler, der das Problem der Neuzeit und der Religionen untersucht, hat sich schon so weit mit Mathematik und Physik beschäftigt, daß er den geschichtemachenden Weg von Kopernikus bis Newton richtig versteht? Kann er die kulturhistorische Tragweite der Keplerschen Gesetze beurteilen? Kann er die Entstehung der Aufklärung aus den Erfolgen der Astronomie ablesen? Kaum.

Otto Theobald. Vielleicht da und dort einer, wenn er kein Dichter ist.

Rüd Brück. Es ist schade, aber die spezifisch europäischen Naturwissenschaften wie Physik, physikalische Astronomie und Kosmologie, Chemie und Biologie, die Europa vom Rest der Welt abhoben und ohne deren Beachtung eine Religionsdebatte überhaupt nicht geführt werden kann, läßt Bassam Tibi in entscheidenden Fragen beiseite.

Wolfgang Rupprecht. Ich sagte ja schon.

Rüd Brück. Ihn interessiert mehr die Rolle der Soziologie, der Ökonomie, des Rassismus, der politischen Geschichte, der Kriegsgeschichte. Die Geschichte der Neuzeit ist aber in ihrem Wesen eher die Geschichte der rationalen Weltbetrachtung als sonst etwas. Sie verläuft vom Denken in Mythen über den Dogmatismus bis zur strengen Axiomatik. Dieser Weg hat die Politik entscheidend geprägt. Politische Geschichte läßt sich nicht ohne naturwissenschaftliche Bildung schreiben.

Wolfgang Rupprecht. Dann müßte eigentlich der Wissenschaftshistoriker Geschichtsbücher schreiben.

Rüd Brück. So ist es.

Otto Theobald. Europa hat seinen wahrhaft gigantischen Entwicklungsschritt mit den Naturwissenschaften getan, und zwar aus eigener Fähigkeit, einen Schritt, den der Islam nicht mehr mitvollziehen wollte. Nicht ums *Können* ging es bei den arabischen Völkern in der Neuzeit - sie sind genauso fähig wie die Europäer - sondern ums *Wollen*. Ist es also wirklich „europäische Arroganz", wenn wir nun, schwer attackiert, darauf bestehen, daß wir die säkulare Welt im Alleingang erarbeitet haben?

Wolfgang Rupprecht. Der Vorwurf der Arroganz mag aus dem Islam kommen, aber Europa duldet ihn.

Otto Theobald. Ich frage noch einmal: Sind wir dann arrogant? Wenn sich Völker, sagen wir im fernen Osten, heute technologisch an Europa anhängen, so stört sich dort niemand daran, daß sie Europa für ein Vorbild halten. Redet aber ein Europäer von vorbildlicher europäischer Kultur, halten wir ihm den Mund zu und werfen ihm Selbstüberschätzung vor. Noch schlimmer ist es, wenn du deutsche Leistungen hervorhebst. Dann frönst er einer nationalistischen Ideologie und bist eine verdächtige Person.

Wolfgang Rupprecht. Das alte Problem.

Otto Theobald. Ich würde sagen, eine Verhaltensstörung.

Rüd Brück. Nicht so heftig! Otto, du hast schon einen roten Kopf. Nehmen wir es lieber kühl: Die Vorleistung der Europäer versetzt die

Welt heute deshalb in Aufruhr, weil Verstandesleistung für den Hominiden Mensch immer eine Aufforderung zum Rangordnungskampf war. Verstandesleistung war einst überwiegend ein Element der Kriegsmoral. Bis heute treibt der Instinkt die Kulturen zum Konkurrenzkampf. Das spricht für Huntingtons These. Einige ängstigen sich, weil sie meinen, Europa könnte damit die Unterwerfung anderer Völker planen. Aber gibt es nicht auch achtbare Leistungen, die auf territoriale Eroberungen gar nicht scharf sind? Ohne Frage hat Europa den Marsch in die Zukunft geordnet und lange Zeit auch angeführt. Andere haben in der Zeit anderes für wichtiger gehalten. Um es zu präzisieren: Die arabische Welt hat vor Kopernikus so ausgesehen, als würde sie, und nicht Europa, die Naturwissenschaften entwickeln. Darauf ist sie heute zu Recht sehr stolz. Aber das ist eine gewesene Gelegenheit, die, wie auch die der Griechen, nur noch historisch zählt, nicht als Gegenwart. Was die Araber einst machten, ist Geschichte.

Otto Theobald. Ich weiß.

Rüd Brück. Die frühmittelalterlichen Araber befanden sich direkt auf dem europäischen Weg, und nicht einmal angesichts der christlichen Greuel ist sich Europa so recht bewußt, was es dazu sagen soll, daß die arabischen Mathematiker seinerzeit aufhörten. Es ist doch so: Die arabische Astronomie, die ihre Spur in den Namen der Sterne hinterlassen hat - so wie die Griechen ihre Spur in den Namen der Sternbilder - hat weder aus den Planetenschleifen auf die zentrale Stellung der Sonne geschlossen, noch aus den Schriften des Aristoteles auf die Möglichkeit, die Kugel Erde zu umsegeln und Amerika zu entdecken. Sie haben die Atomtheorie der Antike gekannt, die auch die Verschiedenheit Stoffe ganz gut erklärte, aber ihre Alchemie nicht darauf bezogen. Man kann ihre rationalen Leistungen also beim besten Willen nicht mit den späteren des Westens vergleichen, der das alles eben aufgegriffen hat. Wer hier Gleichsetzung betreibt und die Europäer überheblich nennt, weil sie durchaus eine eigene Geschichtsvorstellung haben, kennt Geist und Wirkung der Naturwissenschaften sicher nicht. Er kennt sie nicht etwa schlecht, sondern überhaupt nicht.

Wolfgang Rupprecht. Mir geht die Frage nahe, wie weit der säkulare Nachholbedarf der Islamvölker dem kommenden interreligiösen Dialog schaden wird.

Rüd Brück. Behindern wird er ihn.

Otto Theobald. Es bringt jedenfalls keinen Fortschritt im Dialog, wenn wir im Westen tiefstapeln, solange man drüben hochstapelt. Wir würden sofort in den Schlamm getreten. Denn das sind Händlervölker, die mit Konkurrenz umzugehen wissen. Gefechte gehörten zum Alltag ihrer Karawanenzüge. Wir sollten uns also unserer eigenen Position, nämlich der kopernikanischen Geschichtswende, noch gründlicher bewußt werden. Sie hatte weit mehr Antriebskraft, als das dem Westen offenbar bewußt ist.

Rüd Brück. Unbedingt. Die Entdeckung, wie das Sonnensystem aufgebaut ist, war ein Einschlag mit Stoßwellen nach allen Richtungen. Sie sprengte die Trasse vom Mythos zum Logos in das mittelalterliche Gebirge. Entstanden ist der Königs-Höhenweg des neuzeitlichen Wissens.

Wolfgang Rupprecht. Ein Ding, mit dem ich mich - ich muß gestehen - nie genauer befaßt habe.

Otto Theobald (zu ihm gewandt). Die Mathematik hat erst in der physikalischen Astronomie nach Kopernikus ihre fundamentale Bedeutung für die Welt preisgegeben. Mathematik ist ein geistiges Abbild der sichtbaren Welt - und zugleich, wie wir sagen, ihr Urbild. Nur scheinbar demonstriert sie reinen Selbstzweck. Die Rein-Mathematiker von heute würdigen auch noch allzu oft allein diesen Selbstzweck. Daß die Zahlen aber letztlich etwas ausdrücken, zum Beispiel Länge, Gewicht, scheint uns ihr Wesentliches zu sein. Daraus bezieht die Mathematik ihre Realität.

Wolfgang Rupprecht. Ist Mathematik nicht letztlich nur Formalität, nichts Selbständiges, kein Etwas, das selbstständig existiert?

Rüd Brück. Nein. Mathematik ist mehr als Formalität. Sie besitzt selbständige Existenz. Sie ist keine Erfindung, sondern eine Entdekkung. Den Beweis dafür liefert, wie ich oft schon betont habe, die

Zahl Eins, jener erste Gegenstand unseres Bewußtseins, um den sich alle Mathematik herum rankt. Mathematik ist nichts als die Gesamtschau der Eins. Die Eins ist nicht nur Quelle der physikalischen Naturgesetze, was durch Analyse des Urprinzips bewiesen werden konnte, sie ist - das bemerkten schon griechische Philosophen, vor allem Parmenides - überhaupt die Voraussetzung jedes Dinges, auch ihrer selbst, und sie muß demzufolge wohl selbständige Existenz haben, aber mit der Bedeutung des Seins.

Wolfgang Rupprecht. Existenz muß sie haben, wenn sie Voraussetzung von sich selbst und von allen Dingen sein soll. Aber ist sie das denn? Auf Anhieb ist mir das nicht recht klar.

Rüd Brück. Wenn du mir versprichst, daß wir aufs Thema Religion zurückkommen, dann erkläre ich dir das kurz. (Es ist übrigens ja auch nichts als Religion.) Die Eins geht allem voraus. Allem. Du kannst kein Ding, nicht einmal einen höchsten Gott, annehmen, wenn du nicht schon vorher die Eins kennst. Denn jedes Ding ist 1 Ding, jeder Gott ist 1 Gott, auch bei vielen Göttern. Das Ich ist ebenfalls 1 Ich. Stell dir mal vor, du hättest zum Denken die Eins nicht. Dann würde kein Ding in deinem Bewußtsein Existenz erlangen. Du könntest nie von einem Gott sprechen, und auch nie von diesem Buch da. Wenn nun das Urprinzip gestattet, aus der Eins alle Naturgesetze abzuleiten, die Planetenbewegungen und so weiter, aber auch die Materie, dann ahnst du, daß die Mathematik in allen Dingen ist, und daß das Urprinzip das Prinzip ist, mit dem man die Mathematik in allen Dingen auch tatsächlich findet.

Wolfgang Rupprecht. Und das soll keine Mystik sein? Ich muß lachen.

Rüd Brück. Du hast recht. Die Eins ist zweifellos etwas Geheimnisvolles. Denn du kannst sie nicht erforschen. Brichst du sie zum Beispiel auseinander, um zu sehen, was drin ist, dann hast du zwei Halbe, aber jede Hälfte ist wieder 1 Hälfte, und so mußt du erneut nach der Eins fragen. Sie hat sich nicht beeindrucken lassen. Sie ist über allem erhaben und innerlich eigenschaftslos. Wenn ich nun sage, daß der höchste Gott nicht ohne die Eins sein kann, dann geht ihm zwar etwas Mathematisches, aber dennoch Geheimnisvolles voraus. Nenne es ruhig mystisch.

Wolfgang Rupprecht. Mystik ist das Erkennen der Welt mit geschlossenen Augen, ohne begriffliche Sprache.

Rüd Brück. Das trifft für die Eins zu. Und auf den Gottesbegriff hat das Auswirkung. Das Wichtige: Die auch dem höchsten Gott vorausgehende Eins ist das, was er selbst sein will, nämlich das Erste. Nicht der Gott ist das absolut grundlegende Sein, sondern die Eins. Wenn die Theologen andererseits voreilig die Voraussetzung aller Dingen als Gottvater mit Bart deuten, können wir ihnen nur antworten, daß sie damit offenbar die Eins meinen. Das werden sie empört von sich weisen, denn sie wollen kein mathematisches Objekt.

Wolfgang Rupprecht. Ja, die Idee, alles auf eine Person zurückzuführen, sitzt zweifellos fest in den Köpfen der Menschen.

Rüd Brück. Der Mensch will Menschen sehen. Das Urprinzip bestätigt dagegen durch Ableitung der Formeln und Gleichungen: Alles entstammt der Eins, auch die Materie und ihre Gesetze.

Wolfgang Rupprecht. Nur nicht das, was die Eins selbst ist.

Rüd Brück. Doch! Die Eins muß natürlich auch selbst die Eins als Voraussetzung haben. Sie kommt auch aus der Eins. Sie bleibt besonders deshalb aber mystisch. Es gibt eine einzige Möglichkeit, die Eins zu durchschauen. Aber am Ende bringt auch diese Lösung nichts Neues.

Wolfgang Rupprecht. Darauf bin ich jetzt gespannt.

Rüd Brück. Das geht nur, wenn du einrechnest, daß das Sein, also alles, was existiert, *ein* Sein ist. Die Eins gehört aber nun selbst zu jedem Einzelding. Also umgreift die Eins sich selbst. Es ergibt sich eine unendliche Folge von Einsen, die jeweils die vorangesetzte Eins umfassen, so wie immer größere Kreise sich umfassen, auch wenn sie ganz eng aufeinanderfolgen, und du gelangst so in die Unendlichen Ordnungen, die sich wiederum mit dem Urprinzip als eine unbegrenzte Folge von physikalischen Universen darstellen. Das erkläre ich jetzt aber nicht! Ich bitte, mich davon zu entlassen, denn das führt viel zu weit vom eigentlichen Thema weg. Wenn ich überhaupt

darauf eingehe, so deshalb, weil ich dir zeigen will, was die Platonakademie zur Religion zu sagen weiß. Nimm es so, wie ich es gesagt habe. - Wenn du nun meinst, mit dem Zurückführen der Eins auf die nächste umfassende Eins wäre der Eins das Geheimnisvolle genommen, so irrst du, denn das Unendliche ist wiederum ein Geheimnis.
Wolfgang Rupprecht. Du kannst sozusagen die Eins zwar damit aus einer Folge ihrer selbst erklären, aber das führt ins Unendliche.
Rüd Brück. Die Eins und das Unendliche - eine großartige Verbindung, in der auch unsere Unsterblichkeit begründet liegt, weil das Ich die Eins ist. Wenn wir hier also wiederum auf viel Mystisches stoßen, so ist es doch nicht mehr das irrationale Mythisch-Mystische der Religionen. Das Unendliche und die Eins sind zwar Geheimnisse, die aber nie die Logik verstoßen: In der Eins finden wir kein anderes Geheimnis als nur das der Eins, also das klare Element der Mathematik, und das Unendliche wird seinerseits zum Geheimnis der Eins, das du dir zum Beispiel als eine unendliche Folge von konzentrischen Kreisen vorstellen darfst, die beliebig dünn und dafür dicht liegen und wo also alle aufsumnmiert so groß sind wie der erste.
Wolfgang Rupprecht. Ich komme nur halb mit. Also endet alles letztlich im Geheimnisvollen. Die Aufklärung versagt.
Rüd Brück. Das tut sie nicht. Denn *mit Hilfe der Eins* läßt sich, wenn wir das Urprinzip kennen, alles Erfahrbare *aus der Eins* erklären. Die Mathematik, ich meine Arithmetik und Algebra, steckt damit in allen Dingen, auch in jeder Art Gott, weil sie nur eine Schau der Eins ist, ein Denken der Eins.
Wolfgang Rupprecht. Hm. Das heißt aber: *Mit* dem Geheimnis erklärt man *aus* dem Geheimnis die Welt. Du strapazierst den Home sapiens ganz beträchtlich, zumindest mich, der ich auch einer bin.
Rüd Brück. Ich sage aber: Das Ganze verläuft klar. Was ich mit Hilfe des Geheimnisses aus dem Geheimnis mache, ist nicht mehr im geringsten mystisch. Es ist die Welt. Du brauchst freilich das Urprinzip, das feststellt, wie die Eins vor allem auch Zeit ist.
Wolfgang Rupprecht. Das ist wichtig, sonst steht ja die Welt still.
Rüd Brück. Noch etwas sollte ich deshalb hinzufügen. Die Eins

kannst du dir nicht frei von Zeit denken. Sie sollte dem Anschein
nach zwar eine starre Größe sein - Eins ist ja Eins. Aber das kann sie
nicht. Vielleicht spürst du es, wenn du bedenkst, daß die Eins
irgendwie auch das Kleinste ist, was es gibt. Denke folgendermaßen:
In allem noch Kleineren tritt sie ja auch wieder auf. Was immer du
aus der Eins herausbrichst, etwa ein 1/1000, ein kleines Eckchen aus
dem „Kreis Eins" - es wächst in der Vorstellung zur vollen Größe der
Eins heran, weil sein Eines keinen anderen Größenvergleich hat als
die Eins. Wenn du also nun einen Teil von der Eins denken willst,
muß der sofort in deinem Bewußtsein so groß werden wie sie selbst.
Mit diesem Sprung drückt die Eins Zeit aus. Auch wenn du in der
Schule 0,99999999999 ... sagst, setzt du diesen Bruch bei irgend
einer 9 gleich 1. Darin ist ein Zeitsprung, denn du mußt ja erst den
Bruch denken und danach seine Rundung 1.

Otto Theobald. Indem die Teile der Eins unscharf sind, wird sie eine
Art quantenmechanisches Objekt: Das Urprinzip erfaßt die Zeit freilich in Form eines Axioms, so daß man rechnen kann.

Rüd Brück. Es ist also schon so, daß man sich mit solchen Fragen
beschäftigen muß, wenn man kritisch über das Urprinzip reden will.
Einmal Hinschauen reicht nicht. Marinos war einer der letzten antiken Leiter der Akademie in Athen. Er soll einmal beim Zusammen-
fassen der Philosophie jemandem zugerufen haben: „Wäre doch alles
Mathematik!" Sein Wort schockiert zwar bis heute die, die von einer
mathematikfreien Welt träumen, aber du siehst, daß die Akademie
jetzt endlich seinen Wunsch erfüllt.

Otto Theobald (lächelt). Einmal habe ich das Urprinzip ja einem
Altphilologen erklärt. Bei dem Wort Mathematik schüttelte es ihn
heftig. Die emotionale Reaktion ist weit verbreitet und im Grunde
doch sehr bedauerlich, oder nicht?

Rüd Brück. Platon verlangt in seinem „Staat" von jedem Bürger
mathematische Kenntnisse. Das war damals auch machbar. Du mußt
verstehen, daß dagegen heute einer schwerlich die vielen Aspekte der
Altertumsgeschichte und -sprachen studieren kann, wenn er sich
obendrein auch noch mit Mathematik beschäftigen soll. Solange der

Mensch nicht einmal hundert Jahre lebt, muß er sich spezialisieren.
Schau mich an. Ich bin nicht spezialisiert. Aber dafür weiß ich auch
vieles nicht. Spezialisten wie eben die Übersetzer der antiken
Schriften haben uns jedenfalls die Erinnerung bewahrt. Gerade der
Spezialisierung der Altphilologie verdanken wir, daß die Platonakademie überhaupt noch bekannt ist.

Wolfgang Rupprecht. Ich bin noch beim Thema. Haltet ihr etwa
wegen der geheimnisvollen Eins die Mathematik für das, was Theologen, Esoteriker und alle Spiritualisten als „Geist" bezeichnen?

Rüd Brück. Genau das ist sie. Und die sichtbare Materie, etwa diese
Glasschale hier, ist so etwas wie eingefrorene, verfestigte Mathematik. Was der Mensch immer so mysteriös als den Geist verehrt hat, ist
in Wahrheit die Mathematik. Er versuchte jedoch, „Geist" mit „Unbegreiflich" gleichzusetzen, weil er irgendwo die Mystik der Eins
und des Unendlichen spürte, und auch die schwer überschaubaren
Zusammenhänge.

Otto Theobald (zu Wolfgang Rupprecht). Um es ganz klar hervorzuheben: Nicht die bedeutungsfreien Konstrukte der heutigen Mathematik sind das, was wir als geistige Substanz der *Welt* ansehen,
sondern die angewandte Mathematik: überwiegend Arithmetik, Algebra und Infinitesimalrechnung.

Wolfgang Rupprecht. Das habt ihr schon einmal betont. Wohl aus
dumpfer Ahnung hat der Bischof Cyrillus die Alexandrinerin Hypatía
vor dem Altar schlachten lassen.

Otto Theobald. Diese Frau hätte der damals langsam verfallenden
Akademie neue Nahrung geben können . . .

Rüd Brück. . . . Aus allen Dingen, die wir anschauen, tritt seit
Johannes Kepler die zuverlässige klassische Mathematik hervor.
Sie läßt feine Rissen in der spröden Schale der Dinge entstehen, und
wir erblicken darin mit der Brille des Urprinzips die „Dinge an sich".

Wolfgang Rupprecht. Ich verstehe.

Rüd Brück (richtet sich im Sessel auf). Wir sollten also ganzheitlich
vorgehen. Die Astronomie ist, wie Otto sagt, die älteste Wissenschaft
der Menschheit. Sie bedrängte zuletzt die Metaphysiker, über die

unverstandenen Bewegungen der Gestirne nicht mehr zu spekulieren, sondern sie exakt zu berechnen und so das Göttliche dem Verstand, der Vernunft zugänglich zu machen. Galilei und Descartes, Kepler und Newton haben in der Tat plötzlich zeigen können, daß den Gesetzen des Weltalls logische Zeichen entsprechen und daß sie somit mathematischer Art sind. Das war für die neuere Geschichte die ausschlaggebende, ja die größte Entdeckung.

Wolfgang Rupprecht (zu sich selbst murmelnd). Ja, die größte *Entdeckung*! Aber die größte *Erfindung* des Menschen war der Spiegel.

Rüd Brück. Und nun zum Thema zurück!

Otto Theobald. Wo waren wir abgewichen?

Rüd Brück. Ich weiß nicht. Wenn jedenfalls eine Religion Toleranz, friedliches Miteinander ihr Wesen nennt, dann muß sie jedem die Freiheit gewähren, das Prinzip aller Dinge entweder als Person aufzufassen oder nicht, und darf das nicht diktieren. Zu dieser Toleranz scheint es auch irgendwann zu kommen. Die Menschheit wird auf die naive Personifizierung des Höchsten eines Tages verzichten, und die Folge ist die Fusion der Religionen. Aber im Geiste des Urprinzips. Immerhin bestätigt es einiges, was bisher Glaube war.

Otto Theobald. Nebenbei: Der Buddhismus hat auf die Personifizierung gleich von vornherein verzichtet.

Rüd Brück. Götterreligionen müssen also, wenn sie zu einer einzigen Religion zusammengehen wollen, den uns übergeordneten Vater-Gott aufgeben und an seine Stelle das Prinzip setzen, das sich in der Eins und in den Unendlichen Ordnungen ausdrückt, wo es aber jedenfalls nicht personhaft ist, kein Gegenüber hat, mit dem du sprechen kannst. Diesen Schritt zu tun, sind die Religionen heute noch nicht bereit, jedenfalls nicht die altchristliche und der Islam.

Otto Theobald. Die USA werden da weniger von geistigen Verkrustungen geplagt als das alte Europa.

Wolfgang Rupprecht. Kein Wunder. Amerika ist ein Kind Europas, das lange in großer Ferne gelebt hat und sich nun seiner Eltern erinnert, das sich aber inzwischen den Geist einer neuen Welt angeeignet hat. Momentan findet eine allgemein-kulturelle Verschmelzung statt,

weil die geographische Ferne jäh zusammengebrochen ist. Dadurch
dreht sich jetzt der Einfluß um: Ursprünglich hatte Amerika die
Gestalt eines überseeischen Europas. Dann wurde dort, zum bloßen
Überleben in der fremden Welt, eine flexiblere Lebenseinstellung
nötig, die jetzt wiederum Europa beeinflussen wird, hoffentlich auch
das Land der Dichter und Lobbyisten. Und dadurch kann es möglicherweise bald zu der Flexibilität kommen, die man braucht, um
Religionsinhalte anzugleichen.

Rüd Brück. Auf jeden Fall erklärt sich von selbst, warum sich der
arabische Widerstand gegen die Säkularisierung vor allem gegen die
USA richtet. Europäisches Wenn-und-Aber-Denken beunruhigt die
Moslems weniger als ständiger Vorstoß zu Neuem. Mißtrauisch werden sie deshalb vor allem, wenn die Dinge von drüben kommen.

Otto Theobald. Laden wir sie doch ein!

Rüd Brück (winkt ab). Dazu ist es noch zu früh. Die Sache ist bei
den Theologen nicht spruchreif. Vor allem nicht im Islam.

Otto Theobald. Auch nicht, nachdem die christliche Aversion gegen
den Islam weltweit an Schwung verliert? Ich denke da anders. Natürlich sollten wir interessierte Mohammedaner einladen.

Rüd Brück. Es wurde doch schon einmal eine Einladung verschickt,
die auch zu früh ankam, nämlich von Bassam Tibi an die Europäer.
Es war eine Einladung unter dem allgemeinreligiösen, von Altchri-
sten formulierten Spaltungsvorsatz „mein Glaube ist meiner, dein
Glaube ist deiner", eine Einladung, die niemand brauchen kann.
Ich fürchte, der Islam will vorerst einmal noch die Welt unterwerfen.
Lassen wir ihm Zeit, das zu vergessen.

Otto Theobald. Deshalb lädt am besten nicht er uns ein, sondern wir
ihn. Die Platonakademie muß er nicht beargwöhnen. Sie missioniert
nämlich nicht. Wer sich mit dem Urprinzip nicht befassen will, kann
davon Abstand nehmen.

Rüd Brück. Religionsvertreter höheren Ranges gehen auf die
Platonakademie bestimmt nicht zu. Sie sehen nicht ein, daß die
Schließung von 529 jetzt widerrufen sein soll. Aber denke ich an die
Basis, die immer das Geschehen bestimmt, so scheint mir die Mög-

lichkeit zu bestehen, Leute von dort heranzuholen. Die werden zwar als Laien belächelt - aber das ist nur Rangordnungskampf!

Wolfgang Rupprecht. Differenzen diskutieren zu wollen, diesen Schritt halte ich für nutzlos, weil verfrüht. Ob nicht die Zeit reif ist, mehr auf das Gemeinsame einzugehen?

Rüd Brück. Durchaus. Daraus darf aber keine Beschränkung werden. Zum Thema Fusion eignen sich nun einmal vor allem die inhaltlichen Unterschiede. Ohne ihre Beachtung bleibt unverständlich, daß wir Europäer, zu denen auch die Völker der Neuen Welt gehören, tatsächlich rational voraus sind. Wenn wir nicht unterstreichen, was uns trennt und wie einfach es gerade für die Araber wäre, sich mit uns an einen Tisch zu setzen und in den Wissenschaften aufzuschließen, erwecken wir den Eindruck, wir seien bereit für ein Zurück zum irrationalen Stand der Dinge vor Kopernikus.

Wolfgang Rupprecht. Was ist der wichtigste Inhalt, um den der Dialog geführt werden soll? Mit welcher Inhaltsfrage, würdest du meinen, soll die Fusion eingeleitet werden?

Rüd Brück Unser Weg in die Unendlichkeit und damit in die Transzendenz ist ein gewaltiges Gedankenpotential. Die Unendlichen Ordnungen bestätigen dem Höchsten keinerlei Rang- und Werteordnung, wie sie aber in allen Götterreligionen auftaucht, die ja eine Hierarchie Gott - Mensch - Tier fordern. Rangordnungen kommen real nur im biologischen Dasein vor, nur als soziale Überlebensstrategien, wie sie vor Beginn der Kultur, im ökologischen Leben, nötig waren, und haben mit den *Elementen* der Naturgesetze nichts zu tun. Der verhängnisvollen Ethik Gott - Mensch - Tier entzieht die reformierte Platonakademie alle Möglichkeiten. Das ist der wichtigste Inhalt.

Wolfgang Rupprecht. Die Naturwissenschaften leisten da offenbar bedeutende Hilfe. Denn ihnen verdanken wir den raschen ökologischen Einblick in die Gott - Mensch - Tier - Hierarchie. Auch sonst darf man sie ja nicht vergessen, wenngleich sie selbst kaum philosophische Einsichten formulieren und die Werte nicht definieren können. Hätten . . .

Rüd Brück. . . . das tun wir ja keinesfalls! . . .

Wolfgang Rupprecht. . . . wird denn ohne physikalische Erkenntnisse die Instrumentalmusik auf ihre heutige hohe Kulturstufe heben können? Nein. Hätten wir eine Textil-, Papier-, Buchkultur geschaffen? Nein. Hätten wir Universitäten im Sinne von universal? Nein. Wir hätten ohne physikalisches Denken nicht einmal eine Brille.
Otto Theobald. Das sind aber alles nur Hilfsmittel.
Wolfgang Rupprecht. Die Brille ist primär zwar nur ein Hilfsmittel zur Kultur. Ich glaube aber, wenn erst die außer-westliche Welt diese Dinge, und seien sie nur Hilfsmittel, als Produkte der Säkularisierung geistig verinnerlicht hätte, wenn sie erst überzeugt wäre, daß die westliche Kultur nicht nur Flugzeugträger baut, würde sie sich von einer rationalen Fusion und Globalisierung der Religionen mehr versprechen. Globalisierung verkürzt sich ja nicht in erster Linie auf Weltwirtschaft, sondern ist vor allem globaler Werte-Konsens. Ohne diesen ist auch die Weltwirtschaft nur eine halbe Sache.
Otto Theobald. Ich stelle meine Meinung am besten noch einmal zur Diskussion, denn die bisherige Isolierung des Islams birgt eine Menge Hürden für das Weiterdenken.
Rüd Brück. Ja, das sollten wir genau fixieren.
Otto Theobald. Ich denke so:
Erstens. Der griechische Ansatz zur frei-rationalen Weltanschauung, der erste, den es überhaupt in der Welt gegeben hat, wurde bereits nach wenigen Jahrhunderten von der noch viel zu lebensfähigen dogmatischen Bewegung wieder erstickt, zuerst von der christlichen, und wieder einige Jahrhunderte später vom Islam, der dasselbe Verteidigungswerk im Orient aufbaute. In diesem Zuge bekam auch die Platonakademie ihren Maulkorb.
Zweitens: Dennoch blieb selbst unter dem jungen Christentum die griechische Ratio noch eine Weile lebendig und versagte unter dem Druck des mythologischen Dogmatismus erst später. Von Christus bis zum Verbot der Platonakademie verging ein halbes Jahrtausend. Interessant ist, daß von Mohammed bis zum Erlöschen der arabischen Wissenschaften ebenso viel Zeit verging.
Rüd Brück. Das fällt in der Tat auf. Dogmatismus - im weiteren

Sinne - war zwar in beiden Regionen Wasser aufs Feuer des Denkens, aber die Trümmer der rationalen Wissenschaften rauchten und glimmten immer erst noch lange vor sich hin, bis sie endgültig erloschen und kalt waren.

Wolfgang Rupprecht. Solche strengen Parallelen deuten auf typische Prozesse in der Menschheitsgeschichte hin.

Otto Theobald Und drittens: Tausend Jahre nach der Schließung der Akademie und dem Tod der Wissenschaft, als nun endlich auch im arabischen Raum der Rationalismus aufgab, hatte in Europa das dogmatische Denken sein Pulver beinahe schon wieder verschossen. Damals mußte die Kirche eingestehen, daß allein mit religiösen Dogmen rationale Wissenschaft nicht für immer zu unterbinden war, und sie entschloß sich, den Dogmatismus dadurch zu retten, daß sie einfach die unbequemen Forscher zum Schweigen zwang oder umbrachte, und sie richtete in der eine Aufklärung erwartenden christlichen Bevölkerung mit Folter und Scheiterhaufen einen grauenhaften Massenmord an. Es war eine Entwürdigung des Menschen, die nicht dem eigentlichen Ziel einer Religion entsprach, sondern nur die Barbarei des Irrationalismus dokumentierte.

Rüd Brück. Wir haben es schon richtig gedeutet: Die Unterwerfung unter einen persönlichen Gott weckt den Blutrausch des Steinzeitmenschen.

Otto Theobald. Als 1998 der Papst für die Greuel um Verzeihung bat, war das ein Signal.

Rüd Brück. Meines Erachtens läßt sich diese vernünftige Gesinnungsänderung als Ankündigung einer - ich sage mal vorsichtig: dogmatischen Zurückhaltung interpretieren. Allerdings muß das damalige Verhalten des Christentums als Mahnmal der Menschwerdung stehen bleiben, so wie man ja auch andere Verletzungen der Menschenwürde als Mahnmal stehen läßt.

Otto Theobald. Nun viertens. Weil sich der Islam bereits vor der kopernikanischen Wende, der Renaissance, irrational fundamentiert hatte, erreichte ihn das neue rationale Weltbild nicht mehr. Wenn wir Parallelen ernst nehmen, sollte aber sein Einlenken in den Rationalismus ein Jahrtausend später nachfolgen.

Wolfgang Rupprecht. Also jetzt in zweihundert Jahren.

Otto Theobald. Weil sich heute alles sehr schnell entwickelt, dürfte im Islam der Niedergang des Irrationalismus schon jetzt in großem Stile einsetzen und schichtenweise rasch vorangehen. Mit dem radikalen Islamismus durchschreitet das arabische Denken nämlich soeben die Phase der Greueltaten, die wir auch von den Christen, ihren Ketzerverfolgungen und Kreuzzügen kennen. Das belegen die Al-Qaida-Leute, indem sie unter Beifall das Weltwirtschaftszentrum zerhauen, und jene Muslime, die in Algerien ganze Dorfgemeinschaften massakrieren, etwa weil Frauen keine Schleier tragen. Diese Reaktionen folgen zeitlich versetzt, könnten aber kürzer dauern als bei den Christen.

Wolfgang Rupprecht. Mich stört, daß du von Greueln der Christen sprichst. Es war die Kirche.

Otto Theobald. Nein. War denn irgendwann das Heer der Gläubigen gegen Hexenverbrennungen? Einzelne vielleicht. Überall unter den Gläubigen gab es Denunzianten. Die Masse war dafür, daß Hexen ausgerottet wurden. Sie warfen Steine und jubelten.

Rüd Brück. Wir können nur von der Mehrheit reden.

Wolfgang Rupprecht. Wer weiß, was die Gläubigen in Wahrheit dachten? Sie mußten ja aus Solidarität mit der Kirche jubeln, wenn wieder eine Hinrichtung stattfand. Es ist nicht leicht, die wahren Schuldigen zu nennen. „Christen" aber ist ein zu weiter Begriff.

Otto Theobald. Das nützt nichts, Wolfgang. Ich verstehe nicht, wieso man „die" Christen ausnehmen soll. Betrachte es mit den Augen von Nichtchristen! In dieser Angelegenheit die Religion für unschuldig zu erklären, ist nicht ganz gerecht. Unschuld mögen die heutigen sogenannten Neuchristen für sich beanspruchen, um sich von damals zu distanzieren. Sie versuchen so, zwischen radikalen damaligen und toleranten heutigen Christen zu unterscheiden, aber letzten Endes waren die damaligen Christen Mitglieder der großen Gemeinde der Christen . . . oder aber du kannst schlüssig beweisen, daß wirklich *nur* die Kirchenhäupter schuldig waren, einige wenige ganz oben?

Wolfgang Rupprecht. Es geht irgendwie nicht auf, wenn man eine ganze beachtliche Religion für die Untaten radikaler Gläubiger verantwortlich macht.

Otto Theobald. Ja, wenn die radikalen eine Minderheit gewesen wären! Mit ihrer Sexualfeindlichkeit, mit ihrem Alleinanspruch auf seligmachende Wahrheit, mit ihrer Sündenlehre, hat die altchristliche Lehre die Massen zu der Einstellung erzogen, Abweichler seien schlechte Menschen und gehörten in die Hölle. Als die Spanier die Indianer mißhandelten, taten sie das im Namen des *ganzen* Christentums. Es war die *Lehre*, die die Massen motivierte, für die Sache ihres Gottes zu kämpfen. Es war die irrationale Einstellung zur Wirklichkeit, und die übernahm das Volk von der Kirche. Es hatte den Wahn, der Lehre blind zu folgen. Die Lehre *und* die Gläubigen, das ganze damalige Christentum, war schuld an den Greueln.

Wolfgang Rupprecht. Wir haben ein Thema angeschnitten, das erst noch einer Klärung bedarf. Am Ende gäbe es nämlich überhaupt keine Schuldigen. Drum meine ich, es war die Kirche.

Otto Theobald. Die Kirche ist nichts als die Vertretung des Christentums und setzt sich aus Christen zusammen, die sich für die besten und wichtigsten halten. Wenn eine solche Elite schuldig ist, trifft der Vorwurf auch die Mittäter.

Wolfgang Rupprecht. Nicht unbedingt.

Otto Theobald. Ich sollte ergänzen, daß natürlich nur die mittelalterlichen, die Altchristen, die Ketzerverfolgungen kollektiv bejahten. Die Neuchristen, die das nicht mehr tun, werden freilich nicht für das Geschehene verantwortlich gemacht. Ähnlich erscheint mir auch die Entschuldigung des Papstes überflüssig. Der Papst ist zwar kein Neuchrist, aber für die Vergangenheit ist er nicht verantwortlich.

Wolfgang Rupprecht. Wer sich Neuchrist nennt, weil er die Sexualfeindlichkeit der Väter oder die anthropozentrische Schöpfungslehre oder die Rituale nicht mehr vertritt, ist nach Auffassung der Altchristen überhaupt kein Christ.

Otto Theobald. Das ist richtig. Die Altchristen wollten schon die Protestanten nicht als Christen anerkennen.

Rüd Brück. Ich bin dafür, daß wir das vertagen.

Otto Theobald. Wie dem auch sei, ich sehe bei Christen wie Mohammedanern Entwicklungsparallelen zwischen dem Auf- und Abstieg des Dogmatismus.

Wolfgang Rupprecht. So, und dazu meine konkrete Frage, den interreligiösen Dialog betreffend: Wer soll zum Dialog kommen? Die Fanatiker halten an dem persönlichen Gott fest und werden Terroristen bleiben. Es sind Menschen, die nicht die Bildung besitzen, eine Diskussion über solche Dinge zu führen. Dann gibt es die, die für den Dialog zwar genügend Bildung besäßen, ihm aber ausweichen, in der Furcht, Analysen könnten die Glaubenswahrheiten erschüttern. Die gehen auch lieber zu den Terroristen als zum Dialog.

Rüd Brück. Aha!

Wolfgang Rupprecht. Sie fürchten dabei in Wahrheit weniger einen Angriff auf den philosophischen Grundriß ihrer Religion als eine Zersetzung der Rituale, in denen das einfache Volk die wesentliche Religion erblickt. Sie fürchten den schleichenden Einfluß des Westens, wo mit wachsender Aufklärung vor allem die Rituale zusehends verschwinden.

Otto Theobald. Der Theologe Paul Oestreicher nennt unsere Epoche inzwischen mal schon ein „nachchristliches Zeitalter“. So muß auch der Islam ein Danach ins Auge fassen. Die Menschen dort lernen schrittweise eine florierende westliche Welt kennen, die keinen Islam hat und erstaunlicherweise dennoch nicht vom Gott des Koran niedergeschlagen wird. Allahs Sympathie zum Westen muß allmählich auch dem konservativen Moslem auffallen.

Wolfgang Rupprecht. Das wird man dir als Zynismus auslegen.

Otto Theobald. Nein, ich glaube vielmehr, das ist ein zu wenig besprochenes, aber zentrales Argument!

Rüd Brück. Es kommt dem Gläubigen zynisch vor, dem Kritiker sachlich.

Wolfgang Rupprecht. Die Mehrzahl glaubt, der Satan, gegen den selbst der Allmächtige sich nicht durchsetzen könne, habe den Westen säkularisiert. So sieht der Mohammedaner den Westen schlicht

in einem Zustand, den man am besten unkompliziert in die Luft
sprengt.

Otto Theobald (richtet sich auf). Was heißt „der Allmächtige"?!
Ich muß noch einmal das rationale Denken bemühen. Wie soll die
Hilfe des Volkes dem Allmächtigen, der sich doch auf alle Fälle
selbst zu helfen weiß, etwas nützen!

Wolfgang Rupprecht. Du mußt das naiver sehen.

Otto Theobald. Aber unlogische Begriffe wie „Allmacht" sind doch
die Schwächen einer irrationalen Weltanschauung. Allmacht ist,
wenn man sie wörtlich nimmt, etwas Widersprüchliches.

Wolfgang Rupprecht. Allmächtig ist allmächtig. Da gibt es doch
nichts zu deuteln!

Otto Theobald. So ist es nicht. Hinter dem Begriff Allmacht steckt
eine handfeste Schwierigkeit.

Wolfgang Rupprecht. Na, ja.

Otto Theobald. Das erscheint mir aber wichtig, weil falsche Vorstellungen herrschen, und man sieht einmal mehr, wie unsicher Religionen aufgebaut sind und warum die Theologen sich so vehement
gegen die Logik verwahren. Allmacht ist nämlich ein kindlich-
simpler Begriff von logischer Unmöglichkeit. Allmacht kann nicht
beliebig weit gehen. Spätestens vor der Logik muß sie halt machen.
Die Logik kann sie nicht überwinden.

Wolfgang Rupprecht. Theologen machen immer wieder geltend,
ein Gott stehe souverän über der Logik und Mathematik.

Otto Theobald. So hätten sie es gerne. Ich will dir aber ein Beispiel
nennen, wie schwierig diese ihre Behauptung ist. Es gibt einen berühmten Scherz - der eigentlich gar keiner ist. Es heißt, der Allmächtige könne keinen Stein machen, der so schwer ist, . . .

Wolfgang Rupprecht. . . . das kenne ich, es kursiert als Witz . . .

Otto Theobald. . . . daß er ihn nicht mehr aufheben kann. Diese Art
Machtlosigkeit zeigt, daß Allmacht ein Problem ist. Mit dem Wort
„alles" hat man häufig logische Schwierigkeiten.

Wolfgang Rupprecht. Es soll aber doch nur eine Paradoxie sein.

Otto Theobald. Paradox nennen es die Theologen. Wenn Gott der

Logik nicht gehorchen müßte, weil er im Grunde ja gar nichts *muß*,
wäre es in der Tat nur ein Scherz. Das aber sieht doch in der Wirklichkeit anders aus: Wenn es nichts anderes wäre als daß er nur einen
genügend schweren Stein nicht mehr aufheben kann, so wäre er einfach deshalb nicht allmächtig, weil er ihn nicht aufheben kann. Aus
diesem Grunde ist auch der Mensch nicht allmächtig. Wenn er ihn
aber nur immer höchstens so schwer machen darf, daß er ihn mit
Mühe noch aufheben kann, so ist er offenbar deshalb nicht allmächtig, weil seine Fähigkeit irgendwo ihre Grenzen hat. Irgendwo
stimmt etwas nicht.
Wolfgang Rupprecht. Er darf sich ja schließlich nicht widersprechen. Es ist doch keine Schmälerung der Allmacht, widerspruchsfrei
bleiben zu müssen. Oder vielleicht doch?
Otto Theobald. Sicher, naiv besehen ist es keine. Aber es ist doch
immerhin deshalb eine Schmälerung, weil er sich keinen Wider-
spruch leisten kann. Das heißt nämlich, daß er die Logik respektieren
muß, die er nicht überwinden kann. Die Logik zu überwinden, ist
selbst der Allmächtige nicht mächtig genug. Die Allmacht reicht dazu nicht aus. Der Allmächtige unterliegt im Kampf gegen die Logik.
Es gibt etwas, das den Gott zwingen kann, nämlich die Logik, das
rationale Denken.
Wolfgang Rupprecht. Das gefällt mir. Wenn ich einmal wieder einen Theologen treffe, werde ich ihn in Verlegenheit bringen.
Otto Theobald. Das gelingt dir nicht. Du wirst die lapidare Antwort
erhalten: "Das ist Unsinn." Dann wendet man dir den Rücken zu und
alles geht emotional weiter.
Rüd Brück. Mir scheint, das ist ein höchst verflixter Gedanke. Nicht
einmal eine dreiwertige Logik würde darüber hinweghelfen.
Wolfgang Rupprecht. Aber jetzt zurück zum Thema. Ich wollte . . .
Otto Theobald. . . . Moment! Logik ist also keineswegs nur etwas
Weltliches, sondern ist ein transzendierendes Gesetz des Seins.
Es gibt auch im Jenseits keine Macht gegen unsere Logik.
Rüd Brück. So wie du die Allmacht verstehst, endet sie damit, daß
ein Gott seine eigene Existenz nicht zerstören kann, wenn man sie

vorausgesetzt hat. Ein Gott muß Voraussetzungen beachten. Soweit geht keine Religion, daß sie das als Schwäche auslegt.

Otto Theobald. Sicher. Aber für uns ist es wichtig, daß der Gott der Logik gehorchen muß. Ich möchte nur sagen, daß es etwas gibt, vor dem die Allmacht Gottes endet. Dieses Etwas ist die Logik. Logischer Überlegung kann sich kein Gott entziehen.

Rüd Brück. Aber könnte eine andere, etwa eine höherwertige Logik die Allmacht retten?

Otto Theobald. Das wäre eine Logik, die unsere Naturgesetze, unsere Welt nicht regelt. Mit ihr könnte der Gott in seinem Himmel vielleicht widerspruchsfrei allmächtig sein.

Rüd Brück. Seine Logik wäre nur im Himmel widerspruchsfrei, aber mit der diesseitigen „Weltlogik" würde sie sich nicht vertragen, und er könnte das nicht ändern. Damit wäre er also weiterhin nicht allmächtig.

Wolfgang Rupprecht. Ihr macht das falsch. Ihr sollt ja glauben, nicht so viel denken.

Otto Theobald. Ein Glaube, der solche Schwierigkeiten hat, kann auf die Dauer nicht populär sein. Wenn ein Glaube unglaubwürdig wird . . . du weißt, was das bedeutet.

Wolfgang Rupprecht. Richtig. Aber genug damit! Du hast unterbrochen, was ich sagen wollte: Wenn der Westen während eines Fusions-Dialoges dem Islam seine Ethik anbietet und verkündet, sie sei empfehlenswert, so ist das der Knoten bei der Begegnung der beiden Kulturbereiche. Wenn der Islam nicht darauf eingeht, ist der Westen ratlos. Er muß sich also im klaren sein, daß es eine didaktische Aufgabe ist, die viel Zeit verschlingt. Wir haben auch im Westen breite Volksschichten, die nicht begreifen, was in Wissenschaft und Technologie vor sich geht. Denen bringt man auch Geduld entgegen, damit sie sich schulen. Man druckt für sie Zeitschriften, Bücher, macht Fernsehsendungen.

Rüd Brück. Alle westlichen Dialogteilnehmer müßten Lehrer sein, keine Politiker, keine Juristen, keine Religionsvertreter.

Wolfgang Rupprecht. Und warum widersprechen die Muslime

überhaupt dem Westen, von dem sie freundschaftliches Gastrecht bekommen und der sie in Freiheit studieren läßt und finanziell unterstützt? Er gibt ihnen Arbeitsplätze, die einheimische Familien abtreten müssen. Das alles nehmen sie ohne zu zögern an. Und dann kommen sie trotzdem in die Gastländer, um Enklaven zu bilden, wütend zu demonstrieren, die geltenden Rechte abzulehnen und Attentate vorzubereiten gegen Einrichtungen, von denen ihre eigenen Länder gerade denjenigen Wohlstand beziehen, den sie haben wollen. Das ist Verwirrung, das ist Anarchie.

Rüd Brück. Es ist das Beharren auf den Religionsinhalten. Es ist die Aversion gegen ein Entgegenkommen auf rationalem Wege. Die Inkaufnahme ewigen Streits wegen der mythologischen Differenzen scheint beliebter zu sein als eine Einigung über die Religionsinhalte. Aber dieser Unfrieden führt zu Terror und Krieg. Ohne das inhaltliche Miteinander fällt am Ende auch das tolerante Nebeneinander wieder in sich zusammen. Der Ratsvorsitzende der EKD stellte in einer Fernsehdokumentation die Grenzen des Dialogs klar heraus. Jedenfalls darf der Dialog, meint er, nicht zur inhaltlichen Abweichung führen. „Dein Glaube ist deiner, mein Glaube ist meiner. Daran müssen wir festhalten."

Otto Theobald. Das zu sagen, ist zwar seine Freiheit. So wie er, denken auch die meisten Moslems, die Gast bei uns sind. Aber wer so denkt, kann dann keinen Dialog mehr vorschlagen, der die Menschheit einigt und den Terror ausschließt.

Rüd Brück. Der Bundestagspräsident hat sich - und zwar in seiner Eigenschaft als Mitglied des Zentralkomitees der Katholiken - ähnlich geäußert: Ein Dialog, meinte er allen Ernstes, dürfe niemals die inhaltlichen Unterschiede „niedermachen".

Wolfgang Rupprecht. Das sind mir die richtigen Friedensapostel! Wenn der Islam tolerieren soll, daß die Christen einen anderen Gott haben, dann heißt das, daß die Muslime an zwei Götter glauben müssen, einen guten und einen schlechten. Damit brechen aber die Christen die erste der fünf Säulen des Islams weg, die besagt „Allah ist der einzige Gott." Das ist eine schlimme Sache.

Rüd Brück. Jetzt hast du eine neue Begründung für meine These ausgesprochen, daß der Dialog unbedingt um die Inhalte geführt werden muß. Bei Tolerierung verschiedener Götter gibt es keinen Monotheismus mehr.

Wolfgang Rupprecht. Was gegenwärtig geschieht - die Bemühung um ein friedliches Nebeneinander von Christentum und Islam - scheint mir eine Augenauswischerei zu sein. Der Papst reist in andere Länder, in unserer Kultur keimen islamische Subkulturen, und der Dalai-Lama besucht uns. Diesem begehrten Nebeneinander folgt später aber unweigerlich die Forderung nach einem inhaltlichen Miteinander. Das Nebeneinander ist zunächst nicht mehr, als wenn sich Parteien demokratisch nebeneinander im Parlament dulden . . .

Rüd Brück. . . . bis der Wahlkampf kommt. Ja, du hast recht, die Kirchen liegen falsch, wenn sie meinen, die inhaltliche Diskussion könne vermieden werden.

Otto Theobald. Echtes Miteinander ist Freundschaft durch Übereinstimmung. Freundschaft hält umso weniger lang, je gravierender die Meinungsunterschiede sind.

Wolfgang Rupprecht. Am besten fragt man nach der Praxis: Wenn erst einmal alle förmlich miteinander verkehren, wird die Frage aktuell: Welche Ethik und welche Unsterblichkeitstheorie ist die wahre - etwa die des Nachbarn? Doch wohl kaum. Nur die eigene. Der Gläubige auf der Straße wird eine Klärung verlangen. Ihn beschäftigen, falls ihm Religion nicht überhaupt gleichgültig wird - aber das nehme ich nicht an -, die inhaltlichen Widersprüche und Abweichungen. Er stellt die Fragen: Gibt es überhaupt jenen auf uns herabschauenden, persönlichen Gott, der Strafe und Rache sinnt und die Guten rettet? Oder ist Gott gar keine objektive Person, sondern ein Überall, identisch mit der Welt insgesamt - oder die Weltseele „Brahman“, von der unser Ich ein Teil ist, wie die indische Urreligion es gesehen hat? Schickte Gott einen Sohn zu uns, der uns die Anwesenheit seines Vaters vermittelt, oder ist das naives Wunschdenken? Solche Fragen werden die Gläubigen nicht nur sich selbst stellen, sondern auch dem anders denkenden Nachbarn, und die Religionsführer sind ihnen eine

Anwort schuldig.

Rüd Brück. Genau da entsteht das Zerwürfnis. Sofern niemand im vorbereiteten Dialog eine Entscheidung fällen kann, verhärten sich die Fronten. Denn, wie die Massen immer so sind - denke an Irland, Indien und den Nahen Osten -, ist ihnen die religiöse Identität das Wichtigste. Sie formt ja soziale Gemeinschaften und weckt damit ethnischen Rangordnungsstreit. Islam und Altchristentum zum Beispiel sehen die inhaltlichen Unterschiede als wesentlich an. Die Religionsführer selbst können aber die Entscheidung, was nun wahr und falsch ist, nicht fällen, sie bräuchten dazu das Urprinzip. Sie können ohne dieses nur polarisieren und spalten, wie der Grundsatz „mein Glaube ist meiner, dein Glaube ist deiner" beweist.

Wolfgang Rupprecht. Du gehst, glaube ich, davon aus, daß das Urprinzip in seiner Eigenschaft als Prinzip aller Dinge von selbst für die Verschmelzung der Religionen sorgen wird. Habe ich recht?

Rüd Brück. Unbedingt. Die Platonakademie bietet traditionsgemäß Erkenntnisse nur an. Missionieren ist, wie du weißt, nicht ihre Aufgabe. Wer nun letztlich ihre Erkenntnisse übernimmt, ist seit Platons Mißerfolg in Syrakus nicht ihr Hauptproblem.

Wolfgang Rupprecht. Bloßes Angebot - keine Mission, das könnte ein toleranter Weg sein.

Rüd Brück. Das Prinzip aller Dinge ist ein sehr erfreuliches Prinzip, das dem, der es kennt, nicht mehr aus dem Kopf will. Ich behaupte deshalb, daß auf die Dauer niemand seine Anwendung wird verhindern wollen. Der Globalreligion ebnet nämlich nicht die Autorität der Väter den Weg, sondern die Diskussion in der Basis.

Otto Theobald. Der Moslem würde das Urprinzip nur dann gelassen überdenken, wenn er eine gewisse Distanz von der Autorität seiner Religion erlangt hätte, wenn er also seine sogenannte erste Säule eher als ästhetisches Glaubensprinzip auffassen würde, nicht als ein Dogma, das ernsthaft über Glück und Unglück entscheidet.

Rüd Brück. Das ist eben das Problem. Die Debatte muß die Inhalte entschärfen, damit sie toleriert wird. Inhaltliche Differenzen müssen den Menschen zweitrangig erscheinen. Für die neuchristliche Basis

sind sie es bereits. Für die islamische Basis wird es kommen. Wir
können aber diesen Dialog - ich warne ausdrücklich - nur sinnvoll
führen, wenn wir zugleich etwas anbieten, das die Religionen einander
auf dem Fundament einer neuen Gewißheit gegenüberstellt, eben
das Urprinzip, das für alle gilt und möglichst vieles von dem bestätigt, was bisher beide Religionen schon anerkannten. Die Menschheit
will keine billige Religion, die den Blick auf die höchsten Dinge
verloren hat und damit nicht mehr erwähnenswert ist. Sie will schon
durchaus etwas Tieferes.

Wolfgang Rupprecht. Muslime, die ja die Kreuzzüge nicht vergessen haben, spüren immer noch deutlich die christliche Unnachgiebigkeit. Sie spüren, daß die Kirchen fundamentalistisch erscheinen
wollen, daß sie den Propheten nicht gerne sehen, weil er Christus
nicht als Sohn Gottes anerkannte und die Sexualität nicht als das Böse verurteilen wollte. Sie haben das Gefühl, daß Versöhnungs- und
Friedensgesten aus dem Christentum nur bedingt ehrlich gemeint
sind. Da braucht der Islam, der oftmals auch nicht anders gesinnt ist,
nur dagegenzuhalten, und schon haben die Köpfe wieder einmal den
Streit hingekriegt, den die Völker nicht mehr brauchen können. Wir
wissen ja, Kriege werden von oben eingefädelt.

Rüd Brück. Die Führungsriege jeder Religion - wie soll ich es kurz
sagen? - verlangt Einheit ohne Einigkeit. Erst wenn ganz von vorne
begonnen wird, sind Religionskriege gebannt.

Otto Theobald. Ich möchte Altchristentum und Islam mit zwei
Texten vergleichen, die bei der Suche nach der rechten Formulierung
hoffnungslos viele Korrekturen über sich ergehen lassen mußten.
Da sind fast alle Zeilen durchgestrichen, überschrieben, wieder
durchgestrichen, wieder überschrieben - einen solchen Text mußt du
wegwerfen und neu schreiben.

Wolfgang Rupprecht. Eben, ein Neubeginn wäre das Richtige für
einen Dialog, der das Urprinzip heranziehen soll. Aber die Praxis
sieht so aus, daß doch die unbrauchbaren Texte nicht weggeworfen,
sondern immer wieder korrigiert werden.

Otto Theobald. Das vermute ich auch. Denn jeder ist ja überzeugt, daß sein Text am Ende übrig bleiben wird.

Wolfgang Rupprecht. Dann können wir ja inzwischen mal zu einer zentralen Fragen kommen: Wann ist denn die Zeit für den interreligiösen Dialog überhaupt reif?

Otto Theobald. Solange das Urprinzip nicht eingeführt ist, bleibt, glaube ich, der Zeitpunkt offen. Du kannst nicht die Fusionsdebatte erst beginnen und dann einen fundamentalen Paradigmenwechsel veranstalten. Der muß vorher stattfinden. Überall orientiert man sich noch, wenn man nicht weiterweiß, an Mythen statt an einem axiomatischen Ansatz. Nicht nur im Islam und Christentum. Auch Ethiker, Politiker, Biologen, Physiker helfen sich mit Adam und Eva.

Wolfgang Rupprecht. Auch die Physik?

Otto Theobald. Ich nenne selbst gern Physik und Physiker in einem Atemzug. Zu Unrecht. Die Physik, das Vorhaben, baut natürlich nicht auf Mythen. Im Gegenteil, sie will davon weg. Nicht so einige Dogmatiker unter ihnen. Hinter der Kosmologie zum Beispiel steckt immer noch der Pentateuch. In ihren Köpfen nistet ein Welterschaffer, der eine *einzige* Welt für eine *einzige* Menschheit erfunden hat. Das Urprinzip zeigt uns, daß es unendlich viele Universen gibt und in ihnen natürlich auch unendlich viele Menschheiten, sowohl andere als auch genau solche wie die unsere, und keiner hat sie erschaffen.

Rüd Brück. Der Zeitgeist ist ein Spinnennetz. Was hineingerät, klebt, und du kannst es nur mit dem ganzen Netz herausreißen. Max Planck hat einmal gesagt, eine neue Theorie setze sich nicht durch, indem sie überzeugt, sondern erst, wenn die Vertreter der alten Theorien ausgestorben sind. Wolfgang Stegmüller überliefert das.

Otto Theobald. Ach, sieh mal an! Wo?

Rüd Brück. Irgendwo in seinen „Hauptströmungen der Gegenwartsphilosophie".

Otto Theobald (mit naivem Blick). Über den Portalen der Max-Planck-Institute habe ich den Spruch noch gar nirgends gelesen.

Wolfgang Rupprecht. Den Zeitgeist prägt die Furcht vor dem Zweifel am Alten. In Mekka steinigt man eine Säule, die den Teufel symbolisiert. Sie steinigen in Wahrheit aber den Zweifel. Indem sie den

Zweifel zum Teufel erheben, machen sie den Dialog zu Delikt, und
wir hätten die größten Probleme, wenn wir Religionsvertreter zu ra-
tionalen Dialogen zusammenrufen wollten. Wir brauchen keine
Menschen, die an feste Mythen gebunden sind, bei denen der Zeit-
geist ihr eigener Geist ist, um an Goethe zu erinnern.
Rüd Brück. Du gibst mir recht, daß zwischen dem Fusionsgedanken
und den Glaubenssätzen der Religionsvertreter eine hochgradige
Diskrepanz besteht.
Wolfgang Rupprecht. Da gilt das Planck'sche Gesetz.
Rüd Brück. Wir haben soeben ja gesehen, wie die Aufweichung der
Glaubenssätze die Annäherung fördern kann.
Wolfgang Rupprecht. Ich weiß. Daß Unterschiede nicht mehr dra-
matisiert werden, erleichtert das Gespräch.
Rüd Brück. Das entwickelt sich aber unten. Und von da, meine ich,
kommt es bestimmt nach oben. Es sieht sehr wackelig aus, wenn
Fundamentalisten wie der Sudanese Al-Turabi und der Ägypter Al-
Zawahiri den Westen zwar unterwerfen wollen, aber gleichzeitig das
Teufelswerk seiner säkularen Wissenschaft nutzen: Auto und Flug-
zeug, Satelliten, Handys und Computer. Sie selbst weichen den Islam
auf. Ich glaube, daß solche im Grunde weisen Gelehrten, wenn ihnen
die Wiedergeburt des Platonismus und seine Abwendung vom Materialismus bekannt wäre, keine überaus aggressiven Antworten geben
würden. Diese werden ausgelöst, wenn der Dialog nicht klappt.
Otto Theobald. Abwegig klingt das nicht.
Wolfgang Rupprecht. Aber weit hergeholt.
Rüd Brück. Reden wir deshalb lieber von denen, die unsere moderne westliche Welt ausreichend begriffen haben und weder unfähig
sind zum Dialog, noch vor ihm Angst haben, und die daher keinen
Terror machen wollen, sondern als wirklich überzeugte Mohammedaner dem Westen ins Auge sehen, und insbesondere ein Prinzip
aller Dinge würdigen. Sie gehen davon aus, daß ihnen vom Dialog
nichts Nachteiliges widerfahren kann. Denn es hat ja einer eigentlich
nichts zu befürchten, wenn die Religion geprüft wird. Entweder sie
wird bestätigt, oder es kommt eine andere Wahrheit heraus. Beides

ist für ihn positiv, *sofern er die Sache ernst nimmt.*
Wolfgang Rupprecht. Weltfremder Gedanke, entschuldige! Die paar bringst du in einem einzigen Kaffeetisch unter. Sechs Gedecke reichen. Von wegen Konferenzsaal!
Rüd Brück. Na ja, eine solche kleine Gruppe reicht fürs erste. Sie will an der Diskussion über die Menschheit und ihre zukünftigen Werte teilnehmen. Natürlich gehen auch sie zunächst davon aus, daß es islamische Werte sind, die sich in der Diskussion durchsetzen.
Otto Theobald. Das ist normal.
Rüd Brück. Meine dialogfähige Gruppe, von der ich rede, bedenkt auch, daß, falls der heutige Islam korrekturbedürftig wäre, Allah sich selbst für das Bessere entscheiden würde, der ja zweifellos für Vernunft und Widerspruchsfreiheit eintritt. Meine Diskutanten nehmen in Kauf, daß die Menschen Allahs Vorstellungen eventuell noch nicht richtig erkannt haben könnten. Das wäre eine loyale, aufrichtige Einstellung zum Islam. Auch beurteilen sie die Korantexte flexibel. Eindeutig sind die Suren nämlich nicht, das weiß man. Daher wird man aufgeschlossen sein.
Wolfgang Rupprecht (spöttisch). Jetzt brauchst du noch weniger als sechs Gedecke. Du setzt pure Objektivität voraus. Mag sein, einige von dem Kaliber gibt es in Arabien bestimmt.
Rüd Brück. Fällt dir nicht auf, daß so viele mordbereite Islamisten, den Koran in der einen, die Bombe in der andern, das Wort Dialog gebrauchen? Anscheinend geht ihnen der Dialog nicht aus dem Sinn.
Otto Theobald. Sie reden von dem großen Dialog, der kommen wird. Aber wir sagten schon: Islamisten verstehen darunter einen Dialog der Sprengsätze.
Rüd Brück. Also. Ich habe zum Beispiel über eine Konferenz in Khartum gelesen - ich glaube, sie war 1994 -, wo Islamisten verkündet haben: „Wenn der Westen eine neue Weltordnung gründet, müssen wir eine neue Weltordnung dagegen setzen." Gesagt hat das der schon erwähnte Hassan Al-Turabi . . .
Wolfgang Rupprecht. . . . seines Zeichens Drahtzieher der Terrorszene. Ich kenne die Geschichte . . .

Rüd Brück. Fordert er denn nicht schon allein mit seiner perfekten Kombination von These und Antithese zum Miteinander-Sprechen auf? Ich habe den Eindruck: Dieser Mann gehört zu denen, die sich mit ernsthaften Philosophen, denen es um die Wahrheit und nicht um Taktik geht, an den Tisch setzen würden.

Wolfgang Rupprecht (ringt inbrünstig die Hände). Glaube das nur nicht!! Das ist abstrus.

Rüd Brück. Doch, das ist nicht abstrus. Solche Leute warten lange schon auf unparteiische Partner und finden keine.

Wolfgang Rupprecht (laut werdend). Aber nein! Entschuldige, wenn ich das für ziemlich weltfremd halte, was du sagst. Du bist ein kritischer Theoretiker, aber ein unkritischer Praktiker. Die Praxis müßtest du in die Theorie noch einbeziehen. Ich hoffe, du trägst mir das offene Wort nicht nach. Hör mal: Was heißt „neue Weltordnung"! Für diese sogenannte neue Weltordnung soll geopfert werden, wer den islamischen Gottesstaat nicht will. Diskutieren will der Sudanese Al-Turabi überhaupt nichts. Er will den Islam durchsetzen. Das hat er selbst deutlich gemacht. Demokratie und Islam gehören nicht zusammen, sagt er, denn die islamische Weltordnung ist von Allah verkündet und kann nicht durch Dialoge beeinflußt werden. Der Islam will ein fertiges Gebilde darstellen, das allen Veränderungen mit dem Djihad droht. Und die ganze islamische Geistlichkeit steht hinter diesem Fundamentalismus. Nicht hinter dem Terrorismus, aber hinter dem Fundamentalismus.

Rüd Brück. Ich spreche bewußt von inneren geistigen Bewegungen bei diesen Männern. Als Menschen sind sie mit uns irgendwo verwandt. Das heißt, ich halte ihre Starrheit für eine Kruste über ihrem beweglichen Geist, nicht für ihren Geist selbst. Starrheit ist ein Durchgangsstadium. Würde es gelingen, in guter Freundschaft mit ihnen zu reden, würde der Ton ein anderer sein. Die arrogant-abweisende Haltung des Westens hat eben den Dialog aus Al-Turabis Gehirn verdrängt. Diskussionen liegen einem solchen Mann nur deshalb fern, weil er spürt, vom Westen nicht ernst genommen zu werden. Und das wird er tatsächlich nicht, wenn fundamentalistische

Thesen auftauchen wie „meine Glaube ist meiner, dein Glaube ist deiner" oder „die Unterschiede dürfen nicht niedergemacht werden". Dieser Mann würde ganz sicherlich vernünftig diskutieren, und wir kämen uns zumindest insoweit näher, als wir die alten Glaubenssätze einen Millimeter weit aus dem Brennpunkt heraus rücken würden.

Wolfgang Rupprecht. Jeder setzt in einer Diskussion Antithesen, und zuerst werden immer die schärfsten gesetzt. Mag sein, daß ihm seine eigene Distanz zum Dialog nicht völlig klar ist. Aber behalte im Auge, daß zwischen dem Islam und dem säkularen Westen ein Krieg der Grundthesen tobt: ein Kampf der dogmatischen Grundsätze gegen die laufend sich weiterentwickelnden Erkenntnisse. Hinter der Religion steht ein gewappneter Gott.

Rüd Brück (wiegt zweifelnd den Kopf). Jedenfalls hatte die Konferenz wörtlich den „interreligiösen Dialog" zum Thema. Außerdem gab es da eine bemerkenswerte Geste in Khartum: Auch christliche Vertreter waren geladen. Mit denen war zwar auch absolut kein Fusionsgeist einmarschiert, aber sie waren immerhin geladen.

Wolfgang Rupprecht. Schau, dem Islam fehlt das, was wir unter Philosophie verstehen. Dort herrscht Ideologie, aufgestiegen aus afrikanischen Wanderkulturen, die noch heute statt Dialogen Stammeskriege im Sinn haben.

Rüd Brück. Tatsache ist, daß die geistige Auseinandersetzung mit den Dingen erst im Laufe der Geschichte, und zwar meines Erachtens durch die christlichen Übergriffe, unterbrochen worden ist. Der Islam war mitten im philosophischen Dialog. Nicht Wissenschaften haben ihn davon abgedrängt, sondern allein das besessene Christentum mit seiner fanatischen Christlichen Seefahrt und den Kreuzzügen gegen Andersgläubige.

Otto Theobald. Der Islam sieht Rot. Aber ein dauernder Dialog, der auf der Basis der mit dem Verstand erkennbaren Strukturen des Seins geführt wird, könnte diesen Konflikt mäßigen. Nur erkennbar müssen sie eben sein. Sie dürfen keine Glaubenssätze sein. Das verlangt nach einem persönlichen Gespräch. Schriften austauschen, reicht nicht.

Wolfgang Rupprecht. Ich bezweifle dennoch, daß heute ein Dialog über diese Dinge so geschickt begonnen werden kann, daß er nicht nach vielem Hin und Her wieder zum Terror zurück führt. Das ist eben darin begründet, daß die Religionen noch zu zentral von oben gelenkt werden.

Rüd Brück. Die Idee des Al-Qaida-Systems, die moderne Welt zu stürzen, ist in Wirklichkeit ein Lernprozeß, der, falls ein Dialog geboten werden kann, immer mehr Islamisten mit der modernen Welt versöhnen wird. Es scheint so zu gehen wie bei den Jugendlichen, die aufbegehren und am Ende sich doch integrieren. Wenn zudem endlich einmal die aggressiven Altchristen, die schon im Vorfeld ankündigen, keine Kompromisse einzugehen, aus der Szene herausfallen, haben wir einen ganz anderen Islam vor uns. Denn dort gibt es zum Beispiel mal schon keine zentral führende „Kirche", die von oben her die Basis massiv am Denken hindert. Die kleinen kirchenähnlichen Machtstrukturen in den einzelnen Staaten stehen unter starkem Druck aus der Basis. Sie sind leichter überwindbar als unsere Kirchen.

Wolfgang Rupprecht. Na ja, wenn das mal stimmt!

Otto Theobald. So wie es aussieht, kündigen immer mehr Menschen die Mitgliedschaft im organisierten Christentum, und glauben immer weniger an eine Zukunft der biblischen Mythen. Was ist das Christentum dann noch? Eine humanistische Weltanschauung, die man weltweit wieder gern gelten läßt und meinetwegen dann neuchristlich nennen soll. Sie ist für einen interreligiösen Dialog offen.

Wolfgang Rupprecht (nach einem Augenblick des Schweigens). Ich habe heute von euch einiges gelernt, und vor allem ist mir klar: Wenn es in der Zukunftsmenschheit noch überhaupt eine ehrfürchtige Rückbindung an etwas Höheres geben wird, . . .

Rüd Brück. . . . woran wir glauben dürfen . . .

Wolfgang Rupprecht. . . . dann nur auf dem Weg über wissenschaftlich prüfbare Grundwahrheiten wie euer Ur-Axiom, nicht mehr über bezweifelbare Glaubenssätze.

Rüd Brück. Das ist die einzige Chance für den inhaltlichen Dialog.

Otto Theobald. Während bei uns neue Auslegungen des Christentums innerhalb einzelner Sekten sofort wieder erstarrten und alle

diese Gruppen einander gegenseitig verkündeten, alleinige Inhaber
der Wahrheit zu sein, wird im Islam die Koranauslegung überall
gleichermaßen locker gehandhabt. Offizielle Sekten sind nicht entstanden. Jeder Imam kann in Einzelfällen seine Version vertreten, die
allgemein auf Interesse stößt.

Rüd Brück. Ich sage doch, der Islam ist heute die fortschrittlichste
Ein-Gott-Religion.

Otto Theobald. So gesehen ist nicht einmal auszuschließen, daß der
interreligiöse Dialog kurz werden könnte und sanft verläuft.
Die Sache erledigt sich vielleicht im stillen von selbst unten an der
Basis, während an der Spitze die Theologen und Wissenschaftler
weiterwurschteln, wenige an Zahl, die über das Veraltete nichts
kommen lassen, aber die Mitsprache verlieren.

Rüd Brück. Auf die Dauer gelingt es nicht, der Basis zu diktieren.

Otto Theobald. Nur solange gelingt es, wie die Basis noch für ihr
Denken Führung braucht. Hat sie aber entdeckt, daß sich das Weltbild ohne religiös-mythischen Zwang stimmig entwerfen läßt, von
dem Moment an vereinsamt die Führungsspitze. In der Sexualität ist
sie schon isoliert. Dort hat die Kirche zur Zeit die Zügel verloren, die
Basis macht sich ihr eigenes Bild. Das allgemeine Verhältnis zur
äußeren Natur steuert geradewegs in dieselbe Richtung. Bis jetzt war
nur noch die Frage offen, wie Weltordnung, Übervermehrung der
Menschheit und globale zerstörerische Aktivität des Menschen zu
deuten sind. Und das haben ja wir nun gut im Überblick: Die Öko-
Pathologie weist die Richtung eines solchen neuchristlichen Weltbil-
des. Wenn Paul Oestreicher von einer nachchristlichen Zeit spricht,
sieht er vielleicht ungefähr das, was ich meine.

Wolfgang Rupprecht. Er fühlt aber mehr eine nachchristliche Epoche, also eine nicht-mehr-christliche, statt eine neuchristliche. Warum tun wir das nicht auch? Das Christentum ist insgesamt überlebt.

Rüd Brück. Neu- oder nach-, das ist eine Definitionssache. -
Die Sorgen um die Zukunft der Menschheit sind jedenfalls an der
Basis weit verbreitet und auch durchaus oft frei von Vorurteilen.
Ich spüre, daß die Basis bloßes Glauben, bloße weltanschauliche

Vermutungen allmählich als gefährlich einstuft. Das geschieht besonders dann, wenn Vermuten - sprich Glauben - zu viel Einfluß erlangt, vor allem auf die ökologische Politik und überhaupt auf die Beurteilung der Natur, der äußeren wie der inneren des Menschen. Die Basis wird sich also gern eines neuen, alle Fragen abdeckenden Prinzips annehmen, das die Rolle einer religio nova spielt, sofern es nur klarstellt, an welchen verklebten Denkgewohnheiten sich unsere globalen Probleme aufstauen. Sie könnte durchaus den Dialog, von dem wir reden, flächendeckend führen, das heißt überall, nicht immer nur punktuell in abgehobenen Expertenkonferenzen, so wie sich auch jede andere öffentliche Meinungsbildung überall breit macht.

Otto Theobald. Die Dialogpartner müssen, wie das schon gesagt wurde, die inhaltlichen religiösen Differenzen optisch verkleinern. Man muß auf ein Durchkauen der vielen detaillierten Religionsfragen und -divergenzen verzichten können, denn jeder Anfang bei ihnen legt den Dialog lahm. Wenn wir etwa erst über die Trinität, die Unsterblichkeit, die Transzendenz, den Zölibat, das Verbot verschiedener Eheformen, die Nächstenliebe usw. nach dem Maßstab herkömmlicher Dogmen diskutieren müssen, können wir getrost die Sache zu den Akten legen. Wir müssen diese Themenvielfalt neu verfassen. Der Mensch muß an das rationale Urprinzip anknüpfen, das alle diese tiefgreifenden Fragen anders angeht.

Wolfgang Rupprecht. Zu den genannten Themen können wir viel sagen. Nur zur Trinität nicht - oder gibt es dazu auch eine Antwort aus dem Urprinzip?

Rüd Brück. Trinität ist, solange wir von persönlichen Göttern sprechen, nicht zu erklären. Aber das Urprinzip schafft in seiner Analyse des Punktes, des bewegten Punktes im Raum, eine verblüffend ähnliche Dreieinigkeit, die nur keine persongebundene ist. Den Neuchristen kann man daher mit der Erklärung entgegenkommen, Gott, Sohn und Heiliger Geist seien in derselben Weise ein Eines, wie die drei Koordinatenpunkte ein Punkt sind. Da das Ich nun aber Koordinatenanfangspunkt seines Gegenwartsraumes ist, also ein Dreifachpunkt, realisiert es einen logischen „Trinitäts"begriff, aber diese Trinität ist dann keine uns gegenüberstehende, ansprechbare Person mit Bart mehr, sondern ist die *Person in uns.* Das meine ich auch, wenn ich Neuchristen und Altchristen gegenüberstelle und allein den Altchristen die Fehler der Gegenwart anlaste: Diese Fehler sind Folgen des vorgeschichtlichen Mißverstehens. Der vorgeschichtliche Philosoph ahnte Dinge, die er nicht präzise treffen konnte, so auch ein Eines, das zugleich ein Dreifaches ist.

Otto Theobald. Dreieinigkeit = Punkt ist deshalb ein guter Vorschlag, weil der bewegte Punkt, nach der Theorie des Urprinzips, überhaupt das Element aller empirischen Dinge ist. Dieser höchst elementare „Dreikomponentengott" erscheint in jedem Ding. Zugleich - du sprichst von den Fehlern der Gegenwart - ist dann die leidige Rangordnung Gott - Mensch - Tier beseitigt, die die Abwertung der Ökologie zu verantworten hat.

Rüd Brück. Wenn die Christen eine derartige Reform akzeptieren, wird das Eine endlich auch für sie begreiflich. Begreifen wollen sie ja alles, oder? Ein Neuchristentum hat also Chancen. Christus selbst können die Neuchristen außerdem - wenngleich nur als Allegorie - im Platonismus des Urprinzips wiederfinden: Der Christusmythos baut bekanntlich eine Brücke vom Diesseits zum Jenseits, die aber im Prinzip auch dem Platonismus vertraut ist. Nach Platon ist der Vermittler zwischen Diesseits und Jenseits nicht eine objektive Person, sondern, wie erst das Urprinzip es restlos klärt, das Ich. Er nennt es Seele, manchmal aber auch Mathematik. So wie wir, sieht Platon die Verknüpfung der empirischen Welt mit der transzendenten Welt in der Mathematik. Christus geht also bei uns im Begriff des Ichs auf, und zugleich in der Logik der Mathematik, die offenbar alles Sein bestimmt.

Wolfgang Rupprecht. Ist das Ich nicht auch wieder eine Person?

Rüd Brück. Ja, aber nur eine subjektive. Die Altchristen wollen eine, die uns gegenübersteht. Wenn man von „Person" spricht, meint man im Sprachgebrauch eigentlich eine objektive, gegenüber stehende. Aber wenn du willst, kannst du nun sagen, daß in bestimmter Weise das Urprinzip auch einen persönlichen Gott nachweist - dieser kann nur dem Sein kein Rangordnungsdogma mehr überstülpen.

Wolfgang Rupprecht. Ich höre das mit großem Interesse. Da wird das Christentum sich auch tatsächlich rational weiterentwickeln.

Otto Theobald. Das ist nur eine Frage der Zeit. Sollte die kirchengelenkte Politik im Deutschland von heute wirklich den Fortschritt wieder stoppen, so wird das nur ein Aufschub sein.

Wolfgang Rupprecht. So kommen mir der Islam, das Christentum und der Platonismus wie ein Dreieck vor, dessen Mittelpunkt aber der Hinduismus ist und das man mit Hilfe des Urprinzips logisch verkleinert, bis alle Abstände verschwinden und die vier Religionen zu einer werden.

Rüd Brück. In diesem Bild wäre der Hinduismus übergeordnet.

Wolfgang Rupprecht. Dem Hinduismus sagt Ram Adhar Mall eine interreligiöse Struktur nach. *Ich* meine, eine interreligiöse Struktur liegt dort hauptsächlich in der Reinkarnation begründet, die deiner Identitätslehre nahe steht, sowie in dem *nicht* personifizierten Höchsten, dem Brahman und Atman. - Das nur nebenbei.

Rüd Brück. Also noch ein Wort zur kirchenabhängigen Politik, die als Damoklesschwert über dem Verstand baumelt. Gegen das Prinzip der Trennung von Kirche und Staat hat sich heimlich wieder eine Liaison aufgebaut. Sie arbeitet zumindest in Deutschland gegen eine ökologische, menschengerechte Weltanschauung.

Otto Theobald. Nicht nur in Deutschland. Überall. Mit Restriktionen muß der menschliche Verstand weltweit rechnen. Der Kampf um die biblisch-mythischen Werte gilt dem Rationalismus. Wir haben das schon ganz deutlich ausgemacht.

Rüd Brück. Ob er Erfolg hat, ist freilich die Frage.

Otto Theobald. 2002 war der neue Begriff von Partnerschaft ein gewaltiger Rückschlag für die Hüter der Mythen, die nur die christliche Ehe anerkennen. Gemeinschaft ist ein großes Thema der Kirchen *und* der liberalen Öffentlichkeit. Gehen schon durch die Erotik zentrale altchristliche Werte verloren, so jetzt auch noch mit der Umgestaltung der Soziologie. Das nimmt die Kirche so nicht hin.

Rüd Brück. Es geht den Altchristen, wie du sagst, um das Ehesa-

krament, und in diesem geht es aber nur zentral um die Sexualität.
Am längsten hält sich auf jeden Fall die Diskussion um die Sexuali-
tät, die durch die Heiligung der Zweierehe unterdrückt, erstickt wer-
den soll. Der Schutz der menschlichen Stammzellen vor der
Forschung bewirkt nur gelegentliche Debatten, wenn auch hitzige.
Die Sexualität dagegen ist ein Dauerkonflikt.
Wolfgang Rupprecht. Auf dem Gebiet passierte der christlichen
Lehre die folgenreichste Fehlinterpretation der menschlichen Natur.
Wie konnte man die Freude an der Entstehung des Menschen zum
Teufelswerk machen!
Rüd Brück. Für die Kirche ist heute entscheidend: Welchen christli-
chen Rang oder Stellenwert soll die Sexualität bekommen, wenn sie
nicht nach biologischen Maßstäben bewertet werden soll?
Wolfgang Rupprecht. Die Kirche wird die biologische Gegebenheit
der Sexualität nicht mehr frontal angreifen können.
Otto Theobald. Wohl aber die Erotik, die kultivierte Sexualität.
Rüd Brück. Ja. Es wird nie eine christliche Erotik geben. Genauer:
keine altchristliche. Wie du sagst: Erotik ist nach unserem Verständ-
nis - von ihrem meist niedrigen Niveau einmal abgesehen - eine
Kulturform der Zweigeschlechtlichkeit, eine Kulturform, bei der die
Freude am Menschen Vorrang vor der Fortpflanzung hat. Genau das
will die Kirche durch das sechste Moses-Gebot verhindern.
Wolfgang Rupprecht. An der Basis herrscht seit langem die
Meinung, daß das Christentum eine „höhere" Form der Erotik nicht
ablehnen müßte.
Rüd Brück. Aber das sind eben die Neuchristen.
Otto Theobald. Genau das. Erotik ist für Altchristen nicht nur ein
moralischer Sumpf, sondern handfestes Teufelswerk. Höhere erotische Empfindungen könnte der Altchrist akzeptieren, wenn dabei
keine unbefangene Erotik herauskäme, keine Beziehungserotik, die
die natürliche Freude am anderen Menschen betont. Die kommt aber
heraus. Es ist interessant, wie deshalb taktiert und jongliert wird.
Seelsorger, die den Teufel im Menschen zu bekämpfen haben, kriegen es säuberlich hin, erotisch aufgeschlossen zu scheinen und doch

streng abgegrenzt zu sein. Sie erkennen die Erotik an, solange sie
eine Rückenakt-Erotik ist und die Freude nicht weckt. Das alte
Christentum ist eine verbitterte Trauergemeinde.
Rüd Brück. Beziehungserotik ist ein landauf, landab vernachlässig-
tes Thema. Zur Beziehungserotik müssen Menschen das seltene
Glück haben, daß sie sich mit stärksten Emotionen lieben. Beziehungserotik hat mit echter Liebe zu tun. Aber auch an der Liebe
endet, wenn Erotik dazukommt, das Altchristentum wie das Land am
rauschenden Meer.
Otto Theobald. Die Kirchen haben bis ins zwanzigste Jahrhundert
die Sache umgangen und deshalb sprachlich und philosophisch nicht
genügend bewältigt. Jetzt, wo das Interesse der Öffentlichkeit immer
breiter wird, sollen auf einmal die alten Tabus überwunden werden.
Rüd Brück. Der jetzige Mensch gleitet den Theologen aus der Hand.
Nur ist da ein Faktum, das die Konservativen immer von neuem in
ihrer Sexualmoral bestärkt. Es gibt nämlich auch im Alter zwischen
15 und 60 an die 20 Prozent, die nicht verstehen, was Erotik soll und
was Sexualität will, weil es bei ihnen keine ausreichende sexuelle
Veranlagung gibt, und diese absolut gesehen große Gruppe - es sind
viele Millionen! - sorgt für eine permanente antierotische Stimmung
in der Gesellschaft, die es den Moraltheologen leicht macht, weil sie
ja auf viele Stimmen verweisen können.
Wolfgang Rupprecht. Die alten Menschen kommen noch dazu.
Otto Theobald. Ich würde noch genauer unterteilen: 20 Prozent der
Jüngeren fühlen, wie du sagst, nichts, und weitere 20 verspüren selten einmal eine Regung - tags darauf ist sie verflogen, man entschuldigt sie als eine dumme Eselei. Damit komme ich auf 40 Prozent.
Rüd Brück. Diese 30 oder 40 Prozent bilden zwar eine Minderheit,
schüren aber trotzdem gegen die Sexualität eine Stimmung mit
beträchtlicher Wirkung. Sexuelle Neigungen interpretieren sie als
Abartigkeit, weil sie sie nicht verstehen und ekelhaft finden.
Wolfgang Rupprecht. Heute sind sie dennoch isoliert. Die Mehrheit
ist äußerst aktiv und nimmt sich immer mehr moralische Freiheit.
Rüd Brück. In der Erotik darf man nicht auf zwei Stühlen sitzen:

Aus dem Fortpflanzungstrieb ist nun einmal beim Menschen ein besonderer Weg zur Wahrnehmung des Nächsten geworden.
Ich kann nicht ertragen, daß darüber immer nur, wie ein Unglücksrabe, der mahnende Vorwurf der Pornographie kreist.
Otto Theobald. Am besten trifft Eyo Roth den Kern: „Was wollt ihr denn? Es gibt überhaupt keine Pornographie, höchstens Perversion."
Rüd Brück (seufzt). Beim Thema Sexualität würden wir morgen noch da sitzen. Fassen wir wieder das Ganze ins Auge! Die großen Religionen, haben wir behauptet, gehen einer Fusion entgegen.
Sie verschmelzen zu einer einheitlichen, globalen Menschheitsreligion unter allgemein anerkannten weltanschaulichen Vorstellungen.
Wolfgang Rupprecht. Wenn ich bei euch manchmal etwas vom Urprinzip habe läuten hörten, dachte ich immer, na ja, das nennt ihr eben so, viel kann nicht dahinter sein. Überdies meinte ich, daß es nicht gerade von euch gefunden würde, denn wenn es überhaupt ein Urprinzip gibt, wäre man längst schon darauf gestoßen. Es bedarf offenbar doch längerer Gespräche, um deutlich sehen, daß es ein logisches Prinzip aller Dinge wirklich gibt und daß ihr es habt.
Die Gegner übergehen es, weil Ignorieren immer die einfachste - freilich nicht immer die erfolgreiche - Methode ist, etwas auszuschalten. Aber daß du die achtunggebietende Platonakademie damit ins Spiel bringst - da fürchte ich allerdings, werden dir manche Sendungsbewußtsein und die Arroganz eines Selbsternannten vorwerfen. Die einen aus Neid, die andern aus Haß. Nicht ich natürlich, versteh mich recht, sondern zum Beispiel die, die das Verbot der Akademie von 529 in Ordnung finden.
Rüd Brück. Wer hätte mich senden und ernennen sollen? Die Wiedergründung ist meine persönliche Intention. Ich fühle mich nicht als Gesandter eines andern.
Otto Theobald. Das stimmt. Ich kenne ihn von klein auf. Rüd Brück ist ein typischer Einzelgänger, der niemanden in Anspruch nimmt.
Rüd Brück. Wenn man überhaupt aus dem Begriff der Selbsternennung einen Vorwurf konstruieren kann! Selbsternennung abzuwerten, ist nämlich nichts als ein besonderer Rangordnungskampf.

Man erhofft sich von dieser Klassifizierung Schützenhilfe gegen unbequeme Innovationen. Ich frage mich: Wer hätte denn zu mir im Ernst sagen sollen „so, ich autorisiere Sie hiermit, diese Akademie wieder zu gründen"?

Otto Theobald. Zu einer *Ernennung,* Wolfgang, wäre es nie gekommen. Die Platonakademie wäre nicht wieder gegründet worden. Neue Philosophien entwerfen, bedeutet nicht, im Rahmen herrschender Hierarchien ein Amt übernehmen. Problemlösende Philosophie ist die Resultierende zweier in einer Person wirksamer Kräfte: 1. des Spürsinns für Grundlagenprobleme, 2. der Unermüdlichkeit, sie zu lösen. Genehmigung gibt es nicht. Teamwork auch nicht.

Wolfgang Rupprecht. Die philologisch arbeitende Academia Platonica in Münster hat mit dieser hier nichts gemeinsam?

Rüd Brück. Mit der hier betriebenen, heuristisch aktiven Akademie Platons hängt sie nur geschichtlich eng zusammen. Der Zusammenhang hat folgenden Grund. Die Athener Platonakademie führte im Altertum, weil das Urprinzip nicht gefunden wurde, zwei Linien, aber sie blieben wie zwei Triebe in einem Schößling vereint und kamen äußerlich nicht zum Vorschein: 1. war das der heuristische Zweig, der den Nachweis des Ideenreiches, also das Urprinzip suchte und der nach Platons Tod allmählich in der Entwicklung zurückblieb, und 2. der textanalytische Zweig, der sich nach Platons Tod nur mit den überlieferten Texten befaßte, eben weil das Urprinzip nicht gefunden war. Beide Zweige gehörten anfangs zusammen. Noch in der Renaissance hatte der heuristische Sproß, also unserer hier, nicht ausgetrieben. Jetzt, Ende des zweiten Jahrtausends, nachdem das Urprinzip gefunden war, trennte er sich vom andern. Wir, die Original-Platonakademie, führen die ursprüngliche Arbeit Platons zu Ende, weil wir das Prinzip endlich haben. Die Academia Platonica Septima setzt die textanalytische Arbeit fort.

Wolfgang Rupprecht. Ich selbst will diese Dinge auch nicht anfechten. Ich denke nur an die, die die Wiedergründung der originalen Platon-akademie ohne Einbindung in eine Hierarchie nicht verstehen.

Otto Theobald. Wenn immer alles ernannt werden müßte, hätte

Platon, weil ihm die Vorgesetzten fehlten, nichts beginnen können.

Rüd Brück. Wir haben ein gutes Beispiel. Wir reden doch hier von der Verschmelzung der verschiedenen Religionen zu einer Weltreligion. Diese Fusion macht deutlich, daß die Platonakademie wieder im Sinne ihrer ursprünglichen Bestimmung gebraucht wird: Eine solche Fusion, zu der ein inhaltlicher Dialog gehört, kann nur von der heuristischen, also ersten Platonakademie vorbereitet werden.

Otto Theobald. Der Inhaltsdialog hat eine Vorstufe, die wir schon kennen. Das ist jener Dialog, der eine gegenseitige Toleranz erreichen möchte. Dieser Dialog um das Nebeneinander-Leben zieht unbedingt den Dialog um ein inhaltlichen Miteinander-Leben nach sich, und dazu ist ein für alle glaubhaftes Prinzip unerläßlich.

Wolfgang Rupprecht. Ihr vertraut immer auf den Erfolg eurer Vernunft. Sie wird jedoch nicht nur die Philosophie einer Religion, sondern vor allem ihre Rituale überwinden müssen, an denen das Volk sehr hängt. Das sind hohe Hürden.

Rüd Brück. Höchstens heute sind sie hoch. Logisches Denken ist relativ jung - siehe Mathematik - und von der Öffentlichkeit noch kaum richtig wahrgenommen, geschweige denn ausprobiert. Gegenwärtig ist die Allgemeinheit erst einmal in den Schulen dabei, sich an Mathematik zu gewöhnen, weg zu kommen vom spekulativen Meinungsstreit, hin zur Eindeutigkeit. Aber - es klingt verblüffend - nach logischen Entscheidungsmöglichkeiten hält zuerst immer ausgerechnet die breite Allgemeinheit Ausschau, die auf den ersten Blick nur wenig mit dem Verstand am Hut zu haben scheint. Verstand zu haben, ist nämlich nicht ein Resultat der Bildung, sondern ein ur-menschliches Bedürfnis. Es steckt tief in den Köpfen der einfachen Menschen. Die Teilnehmer am künftigen Dialog können gar nichts anderes, als diesen allgemeinen Hunger stillen.

Wolfgang Rupprecht. Was wird aber von der altchristlichen Ethik am Ende übrig sein, die uns bestimmt? Oder deutlicher gefragt: Welche der zehn Gebote, die nach der Legende ein Moses von Gott persönlich in Empfang genommen haben soll, werden in Zukunft noch befolgt werden?

Rüd Brück. Einige bleiben erhalten.

Wolfgang Rupprecht. Was ist mit „Ich bin der Herr, dein Gott"?

Rüd Brück. Das wird bleiben, wenn man das Wort Gott für das eine Höchste beibehält. Nur das „Herr" wird entfallen, weil der mythologisch verstandene Gottesbegriff mit seiner Rangordnungsfunktion nicht zu halten ist.

Wolfgang Rupprecht. „Du sollst keine anderen Götter neben mir haben"?

Rüd Brück. Bleibt. Das Höchste ist - auch ohne Person-Charakter - als das Eine und Unendliche ohne Konkurrenz.

Wolfgang Rupprecht. „Du sollst dir kein Bildnis oder Gleichnis von mir machen"?

Rüd Brück. Ein Bildnis der Unendlichkeit ist wohl unmöglich, ein Gleichnis schon eher, denn das Unendliche ist rational denkbar.

Wolfgang Rupprecht. „Du sollst meinen Namen nicht mißbrauchen"?

Rüd Brück. Entfällt mit der Personhaftigkeit.

Wolfgang Rupprecht. „Du sollst den Feiertag heiligen"?

Rüd Brück. Entfällt.

Wolfgang Rupprecht. „Du sollst Vater und Mutter ehren"?

Rüd Brück. Bleibt. Alle Menschen werden sich eines Tages ehren.

Wolfgang Rupprecht. Du sollst nicht töten"?

Rüd Brück. Wird kommen.

Wolfgang Rupprecht. „Du sollst nicht ehebrechen"?

Rüd Brück. Außereheliche Beziehungen werden nicht mehr verworfen. Die christliche Zweierehe wird selten werden.

Wolfgang Rupprecht. „Du sollst nicht stehlen"?

Rüd Brück. Wird kommen.

Wolfgang Rupprecht. Du sollst den Nächsten nicht belügen.

Rüd Brück. Wird kommen. Der finale Mensch wird nicht mehr lügen müssen.

Wolfgang Rupprecht. Laß dich nicht gelüsten deines Nächsten Hauses, Weibes, seines Besitzes . . . „?

Rüd Brück. Bleibt, soweit diese Dinge überhaupt noch als unantast-

bares Eigentum gelten werden. „Weibes" wird man weglassen.
Wolfgang Rupprecht. Und wie steht es mit „Du sollst deinen Nächsten lieben wie dich selbst"?
Rüd Brück. Wird kommen.
Wolfgang Rupprecht. Also wird die geeinte Religion einer finalen Gesellschaft ungefähr dasselbe ethische Fundament haben.
Rüd Brück. Sie wird die ethischen Grundsätze besser verwirklichen.
Otto Theobald. In puncto Sexualität wird sie ein höheres Ethos bieten als selbst die Freizügigen heute ahnen.
Rüd Brück. Der interreligiöse Inhaltsdialog kann somit die förmliche Toleranz des Nebeneinander zu einer inhaltlichen Toleranz machen. Ist die Phase des gewalttätigen Missionierens überwunden, sieht die Welt ganz anders aus. Wenn es nicht aus ökologischen Gründen für die Menschheit insgesamt zu spät sein wird.
Wolfgang Rupprecht (nachdenklich). Vielleicht war doch 1994 in Khartum schon ein Seitengedanke im Spiel, Terror durch Dialog zu ersetzen? Ich zweifle nur an der Qualifikation der Teilnehmer. Vor ein paar Wochen diskutierte ich mit einem Araber über die Vereinigten Staaten von Amerika. Es war unmöglich, ihn davon zu überzeugen, daß die USA kein gewachsenes Volk wie etwa die Iraner sind, sondern daß wir alle die USA künstlich geschaffen haben. Mehr oder weniger alle haben mitgeholfen. Ich erklärte ihm, daß Amerika deshalb natürlicherweise eine hervorgehobene Rolle in der Welt spielt. Die USA seien etwas völlig anderes als Deutschland oder Ägypten. Sie seien ein Extrakt der allgemeinen Menschheit. Dabei fiel er in Gefühle zurück, die gewachsene Völker zu haben pflegen. Er schrie: „Die Amerikaner sind Verbrecher!" So glaube ich auch, daß in Khartum damals kein interreliglöser Dialog ernsthaft geplant wurde.
Rüd Brück. Du meinst, es war schon fortschrittlich genug, wenigstens das Thema der Tagung so zu formulieren, als ob es um eine geistige Verhandlung ginge.
Wolfgang Rupprecht. Im Islam gibt es jedenfalls bislang keinen tiefschürfenden Meinungsaustausch über die Welt. Die bestmögliche

Welt ist durch Allah und den Koran für alle Zeiten festgeschrieben. Wie soll sich ein Mann wie Al-Turabi in der westlichen Bandbreite bewegen, in der sogar die Diskussion über die Existenz Gottes ehrwürdige Tradition hat?

Rüd Brück. Was einer wirklich denkt, den seine Religion und Herkunft beschäftigt, weiß letzten Endes niemand außer ihm selbst, weil dahinter Politik steht. Nach außen hin muß mancher tadellose Solidarität pflegen. Wenn er aber unter vier Augen jemandem gegenüber sitzen würde, der ihn im Vertrauen vom Sinn des Nachdenkens überzeugt, würde er sich vielleicht anders äußern. Meiner Meinung nach sind sich daher Ost und West im Hintergrund nicht so unversöhnlich fremd, wie beide Hälften immer tun, denn die Sprecher stehen mitten in der Politik. Allen Völkern, auch den arabischen, schwebt, seit es die weltweite Kommunikation gibt, halb bewußt eine vernünftige Gesamtmenschheit vor, frei von Krieg, Ungerechtigkeit und Armut. Daß die Vereinigten Staaten von Amerika ein gemeinmenschlicher Versuch sind, haben sie nur noch nicht bemerkt. Daß die USA folglich glauben, allein sie seien auf dem richtigen Weg, drückt wohl sehr deutlich den Wunsch aller Menschen nach globaler Einigung aus. Das heißt freilich nicht, daß alles Gold ist, was die USA schon heute verbreiten.

Otto Theobald (zu Wolfgang Rupprecht gewendet). Dein letzter Satz ist wichtig. Der Kalifornier Gregory Stock hat darauf aufmerksam gemacht, daß wir die Menschheit in hundert Jahren nicht mehr wiedererkennen werden. Die USA scheinen nur den Weg dorthin zu ebnen, sind aber noch lange nicht ein Muster, allein schon wegen ihrer miserablen Einstellung zu Ökologie und Naturschutz.

Rüd Brück (zu Wolfgang Rupprecht gewendet). Während wir heute mit unserem unablässigen Rangordnungsdenken noch zu viel Affenverhalten an den Tag legen, wird man das Wesen Mensch, das da kommt, erstmals als echten Menschen bezeichnen dürfen. Vor allem, wenn erst Krankheit und Tod besiegt sind.

Otto Theobald. Da habe ich zum wiederholten Male in der Zeitung gelesen, daß mit der gentechnologischen Verlängerung des Lebens

nicht zu rechnen sein wird, und daß die Phantasten, die eine Aufhe-
bung der Sterblichkeit des Menschen annehmen, Dichter seien,
Laien, keine Realisten. Es gibt aber kein Ziel, das noch tiefer in unserem Bewußtsein wurzelt als der Sieg über das Altwerden. Steckt
nicht auch schon hinter der Maxime „das menschliche Leben hat absoluten Vorrang" das Gefühl, daß die immer höhere Lebenserwartung absoluten Vorrang hat? Unvorstellbar, daß die Gentechnologie
nicht intensiv nach den Ursachen der Sterblichkeit suchen wird!
Wolfgang Rupprecht. Das sehe ich auch so. Was die bloße Kenntnis der biochemischen Vorgänge anlangt, sind wir noch weit zurück.
Es geht der Zukunft nicht nur um die genetische Erhöhung der
Lebenserwartung, sondern auch um die Verbesserung unserer
Verhaltensgrundlagen. Die vielen Hormone - es dürften an die tausend sein - weben ein unübersichtliches Netz. Neunzig Prozent kennen wir noch gar nicht. Am Alterungsprozeß sind sie aber bestimmt
beteiligt. Daß die Verbesserung des Verhaltens für alle Zeiten zu
kompliziert sein würde, ist wohl doch unwahrscheinlich. Es gibt sie
ja, die genetischen Unterschiede, und sie werden durch analysierbare
Vorgänge verursacht. Schau dir die Verhaltensunterschiede von Art
zu Art an. Ein Fuchs wird nie im Rudel jagen, aber der Wolf will das,
und eine Grasmücke fliegt in den Süden, indem sie einem angeborenen Instinkt folgt - dieser hat sogar die Route über Gibraltar im Programm - während der Sperling gar nicht daran denkt. Er hat kein
Gefühl für solche Absonderlichkeiten. Also gibt es diese Erbsubstan-
zen. Sicher, komplex sind die Chromosomen allemal. Aber bitte
denkt daran: Unsere Kenntnisse des Genoms entsprechen dem Stand
der Astronomie zu Kopernikus' Zeiten. Damit will ich nicht sagen,
daß wir fünfhundert Jahre brauchen, bis wir seine Kombinatorik
technisch in den Griff bekommen. Aber vielleicht noch fünfzig.
Diejenigen, die meinen, das sei nie erreichbar, sind für mich Zaude-
rer. Skeptiker gibt es immer, denn Zweifeln ist - wie das Ignorieren -
ein einfaches Geschäft. Skepsis verlangt nicht nach Problemlösungen. Ich meine aber, daß ein mechanisches Problem dann gelöst werden kann, wenn man es durchschaut.

Otto Theobald. Du willst sagen, bei der Steuerung der Moleküle geht es um etwas Mechanisches.

Wolfgang Rupprecht. Letzthin schrieb jemand: „Wir können ja noch nicht einmal ein Gen an eine bestimmte Stelle im Zytoplasma lancieren." Einige Tage später stand in der Zeitung, daß man eine Methode gefunden habe, Virenwege im Zytoplasma exakt sichtbar zu machen. Otto, man muß nur wissen, wie. Hier fließt ein Strom, der keine Umkehr kennt. Heute wissen wir erst einmal, *daß* für ein menschliches Merkmal Proteine und Gene in Kombination verantwortlich sind. Das Wie hinkt hinterher. Kann ein Skeptiker, der ja kein besonderes System anbietet, beweisen, daß man mit Hilfe von Proteinen *niemals* gezielt Gene wird beeinflussen können?

Otto Theobald. Kaum.

Wolfgang Rupprecht. Brück sieht so aus, als wären seine Gedanken woanders.

Rüd Brück. Das nicht. Aber mir fällt auf: Wenn ihr von Veränderungen des Genoms, also zum Beispiel des Verhaltens redet, dann müßt ihr immer bedenken, daß die Kompliziertheit solcher Unternehmen umso mehr anwächst, je weiter man die Veränderung treiben will. Sicher gibt es einige Möglichkeiten, aber man wird nur kleine Änderungen an unserem Verhalten realisieren können. Die künftige Weltordnung ist nicht, wie ein Perserteppich im Basar, einfach nur Sache des Geschmacks und der Auswahl. Das Angebot an Weltordnungen ist bunt, aber gebrauchen kann der Mensch nur eine bestimmte. Vorstellungen nach dem Schema der unbegrenzten Möglichkeiten sind Karikaturen.

Otto Theobald (lacht). Kennst du den Witz vom genetisch vollendeten Amerikaner? Sechs Arme soll er haben: zwei zum Reden, zwei zum Essen, und das dritte Paar öffnet die Sektflasche.

Rüd Brück. Besser wären acht. Nämlich noch zwei für die Colts. Der Amerikaner tut alles, was machbar ist. In Europa denkt die Gentechnologie an das Nötige. Der pragmatische und obendrein durchaus ideale Weg führt uns zum Biologischen, zu den Gesetzen, denen der Mensch so wenig entkommt, wie er die Gegenwart verlas-

sen kann, aber diese Gesetze sind in Gestalt der Instinkte auch seines
Glückes Schmied.

Wolfgang Rupprecht. Sehr richtig!

Rüd Brück. Solange man die Natur der Instinkte nicht kannte, stand
freilich jede Phantasie hoch im Kurs. Platon wußte nicht, was der
Mensch in tiefster Seele ideal findet und woraus er in Wirklichkeit
sein Glück bezieht. Deshalb wurde seine Idee vom idealen Staat eine
Totgeburt. Erst wir Erben von Konrad Lorenz können uns denken,
warum Platons Staat nicht funktionierte: Der Mensch verlangt Rücksicht auf das komplizierte Wechselfeld seiner angeborenen Instinkte.

Wolfgang Rupprecht. . . . deren Erfüllung bei allen Wesen, wie du
sagst, das Lebensglück definiert. Es gibt kein anderes Glück als die
Erfüllung ererbter Instinkte. Und kein anderes Unglück als ihre Mißachtung.

Rüd Brück. Wenn du das so sagst, fühle ich mich bestätigt.

Wolfgang Rupprecht. Um ein Verhalten zu ändern, muß man einen
Instinkt „nur" ein wenig anders gewichten. Das erscheint aber selbstverständlich, wenn man sich den Instinkt, wie er aufgebaut ist, nur
einmal genauer ansieht. Wie ist ein Instinkt aufgebaut? Ich habe dafür ein Schema. Laßt mich das kurz einmal erklären, damit wir uns
verstehen. Es ist folgendes. Bemerkt der Organismus irgend einen
Mangelzustand, sagen wir Wassermangel, oder den Verlust eines
Partners, oder den Verlust eines Ranges in der sozialen Gemeinschaft, oder den Verlust seines Reviers durch Fremdzuwanderung
usw., so aktiviert er ein angeborenes Programm zum Erfüllen des
Wunsches, diesen Mangel zu beheben. Dieses Programm ist das
Handlungsmotiv. Der Mangelzustand ist der Reiz.

Rüd Brück. Das ist übersichtlich.

Wolfgang Rupprecht. Die Kraft aber, das Programm durchzuführ-
ren, also der *Wunsch*, das ist das, was uns treibt, der Trieb, der Sturm
und Drang sozusagen. Er setzt artspezifische Fähigkeiten frei, zum
Beispiel Flucht, oder Suche, oder Aggression. Die Antriebskraft führt
also zu passenden Handlungen. Ist das Ziel erreicht, der Mangelzustand behoben, erlischt der Antrieb, denn es ist kein Anreiz mehr da.

Egal ob der Mangelzustand psychischer oder physischer Art ist, es
sind immer drei Phasen: Ungleichgewicht - Handeln - Gleichgewicht. Alles Leid der Menschen kommt von der Behinderung der
Instinkte in dem Augenblick, wo sie ein Ungleichgewicht beheben
wollen. Du kannst dir die Beispiele leicht vorstellen.
Rüd Brück. Ja. Man mißachtet und behindert sie in der Kultur zum
Teil aus Not, zum Teil aus Unkenntnis, indem man künstliche Sitten
durchsetzt, die in der Natur keine Wurzel haben.
Wolfgang Rupprecht. Das angeborene Programm zum Lösen von
Problemen, das ein Gleichgewicht wiederfinden soll, erzeugt, wenn
es behindert wird, Wut, Resignation, Angst oder gar Depression. Ein
allgemeiner Freiheitsinstinkt etwa ist die Ursache, daß wir Gefangen-
schaft nicht ertragen. Der Vogel im Käfig, der Wolf im Gehege, die
Kuh an der Kette, das sind unglückliche Tiere. Geht deine Partnerin
unaufhaltsam fremd, kann die Eifersucht, nämlich die angeborene
Kraft, die Gemeinschaft zu retten, krank machen. Und die sonstigen
Qualen der Liebe sind Antworten auf die Behinderung des Sexualin-
stinktes, der ja vielerlei Werte um den Paarungswunsch rankt. Im
übrigen sind Instinkte nicht voneinander trennbar, sondern vernetzt.
Rüd Brück. Reichlich kompliziert. Diese Tatsachen werden die Re-
ligionen zugeben müssen. Man wird sie auf die Waagschale legen.
Wolfgang Rupprecht (spöttisch). Die Macher, Brück, werden gar
nicht erst eine Waagschale zur interreligiösen Konferenz mitbringen.
Rüd Brück. Dann wird der Dialog wieder auseinanderbrechen.
Wenn er allerdings oft genug gescheitert ist, wird man doch die
Waage holen.
Wolfgang Rupprecht. Du bist ein unverbesserlicher Optimist, was
die Araber angeht. Aber daß ein gescheiterter Dialog irgendwann -
ich betone: irgendwann! - wiederkommt, darin scheinst du recht zu
haben. Wie war das 1438 mit dem Unions-Konzil von Florenz, auf
dem die katholische und die orthodoxe Kirche eine Einigung ver-
suchten? Das scheiterte an dem Rangordnungsproblem. Wenn du
recht hast, kommt, eben wegen der neuen Situation, mit dem Urprinzip das Unions-Konzil von damals wieder auf die Weltbühne. Thema

war damals die Überbrückung der dogmatischen Differenzen. Also
ein echter interreligiöser Dialog in kleinem Maßstab, der nicht nur
auf Toleranz abzielte, sondern auf inhaltliche Verschmelzung.
Otto Theobald. Erzähl mal etwas genauer.
Wolfgang Rupprecht. Das Besondere auf dem Konzil war, daß man
auch Originalschriften Platons zur Sprache brachte, den man im Westen kaum kannte. Der griechische Philosoph Gemistós Plethón
schlug auf dem Konzil vor, daß die christliche Religion wieder in
einer platonistischen Philosophie aufgehen solle. Im großen Schema,
wie ihr es entwerft, hatte er das intuitiv richtig gesehen, denn das
Urprinzip mit seinen Unendlichen Ordnungen legt erneut das Fundament für Platons Ideenlehre. Nur war damals die Zeit nicht reif.
Die Kirchen gingen weder auf Plethóns Vorschlag noch auf einander
ein. Nur Cósimo, der Stadtherr von Florenz aus der Familie der
Médici, erkannte die Bedeutung des Vorschlags. Er gründete - das
ist für euch ja nun keine Neuigkeit - folgerichtig jene Platonische
Akademie neu.
Rüd Brück. Sie bestand nur kurz, weil noch immer das elementare
Denkprinzips fehlte.
Wolfgang Rupprecht. Die zwei Kirchen jedenfalls gingen nach
vielen Monaten so uneins auseinander wie sie zusammengekommen
waren, und bis heute ist ihre Union unvollendet geblieben.
Otto Theobald. Also zurück zum Thema!
Rüd Brück. Was sich in dem Unions-Konzil von Florenz anbahnte,
geht nach unserer Auffassung in absehbarer Zukunft auf breiter Basis
einer Vollendung entgegen. Ich habe es schon vorhin erwähnt:
Sobald überzeugende Antworten auf die letzten Fragen bekannt sind,
wird es ohnehin keine Konferenz mit bunten Nationalflaggen und
feierlichen Lobesreden mehr geben. Vieles wird an der Basis entwik-
kelt, da der Dialog der Religionsführer ein reiner Dialog unter Autoritäten ist, die schon auf der Anreise nur an ihr persönliches Beharren
denken statt an das Ziel.
Otto Theobald. Seit der frühen Steinzeit war es Brauch, . . .
Rüd Brück. . . . du hast recht, wenn du dich in solchen Fragen auf

die Steinzeit beziehst! . . .

Otto Theobald. . . . sich zum Streit um Rechte und Rollen massenweise auf einem Schlachtfeld zu treffen. Das Schlachtfeld ist die Urform des Konferenzsaales. Die finale Gesellschaft wird den Konferenzsaal ebenso wenig mehr brauchen wie das Schlachtfeld.

Da gebe ich dir recht. Wenn es einmal nicht mehr darauf ankommt, wer über wen dominiert - und das wird erst in der finalen Gesellschaft der Fall sein - verläuft der rote Faden der Diskussion sachbezogen in der Basis, nicht mehr bei den Kriegsherren.

Wolfgang Rupprecht. Solche Bilder beuteln den Unbefangenen ganz gewaltig. Aber ich verstehe genau.

Rüd Brück. In Sachen *Weltordnung und Urprinzip* wird man künftig nur noch erfolgreich auf einer universalen Bühne verhandeln. Sie ist schon gebaut. Sie wird schon benützt.

Otto Theobald. Das Internet?

Rüd Brück. Keine andere. Dieses internationale Kommunikationsnetz ist das Forum der künftigen Menschheit. Jeder hat dort das Wort. Autoritäten aus den alten Hierarchien haben nur noch ein Mitspracherecht wie jeder andere auch. Sie können kaum zensieren. Die Platonakademie ist bereits eine reine Internet-Akademie. Sie wird ständig besucht.

Wolfgang Rupprecht. Also gut, Brück. Du hast geredet wie ein Wasserfall. Ich möchte aber doch gern meine Frage genauer beantwortet sehen: Wann rechnest du mit der globalen Einheit der Religionen?

Rüd Brück. Es kann hundert Jahre dauern, aber auch weniger. Wenn du die Moderne aufmerksam betrachtest, bemerkst du, daß sich seit einigen Jahrzehnten die Verbreitung von Wahrheiten gewaltig beschleunigt. Ursache der Beschleunigung sind die Medien und die Bildung. Nicht die spezialisierte Ausbildung hilft, sondern die überschauende Bildung. Du darfst nicht annehmen, daß die geistige Entwicklung vom Homo sapiens destruens bis zum Homo sapiens sapiens, wie die Anthropologen uns schon heute gern nennen würden, so schläfrig weiterschleicht wie im ausgehenden Mittelalter.

Aber ich kann mir nicht vorstellen, daß, wenn auch alles schnell geht,
schon in wenigen Jahrzehnten die Religionen ihre Unterschiede
fallen lassen.

Wolfgang Rupprecht. Wer weiß. Vielleicht verlieren die Theologen
in zwanzig Jahren das Interesse, dem Urprinzip entgegenzutreten,
denn mit einem tragfähigen Fundament für alle religiösen Bedürfnisse haben sie bisher nicht gerechnet.

Rüd Brück. Setze die Frist nicht zu kurz an! Bis sich die Massen an
die Existenz anderer Religionen gewöhnt haben, etwa das Christentum an die Existenz des Islam, bis also die heute angestrebte
Toleranz eintritt, vergeht schon noch viel Zeit. Ich halte da Abschät-
zungen für sinnlos.

Otto Theobald. Nach dem Planck'schen Gesetz wäre mit einer Fusion frühestens in der nächsten Generation zu rechnen, wenn wir alle
weggestorben sind. Ich rechne nicht damit, daß die dann lebenden
Nachkommen noch derart streng religiös denken werden, daß der
Glaube die Verschmelzung weiter wesentlich behindert.

Wolfgang Rupprecht. Aber du rechnest damit, daß die Menschheit
bis dahin ökologisch überlebt.

Otto Theobald. Als Schädlingsplage wird sie möglicherweise die
Früchte der Forschung nicht erleben.

Wolfgang Rupprecht. Das war euer Thema, als ich dazukam.

Otto Theobald. Vor deinem Eintreffen hier hatten wir besprochen,
daß die Würde des Tieres, ihre Unantastbarkeit, Voraussetzung dafür
ist, daß die Öko-Pathologie der Menschheit ernst genommen wird.
Und wie wir uns wohl überzeugt haben, ist hier der Dogmatismus der
beiden großen Religionen Christentum und Islam die gewaltige
Barriere. Jede Kirche erhebt den mythischen Anspruch, Herr über
das Natürliche und über alle Werte zu sein, und selbstverständlich
Herr über das Tier.

Wolfgang Rupprecht. Schließlich ist der Hinduismus nicht so
verbissen anthropozentrisch.

Rüd Brück. Wir haben noch ein anderes Argument in die Mitte
genommen: Der Mensch wird seine öko-pathologische Rolle dann

und nur dann tiefer begreifen, wenn er verstanden hat, warum das Wesen aller Dinge - vom Stein über den Wurm bis zum Menschen - einheitlich transzendental verwurzelt ist, und daß nicht nur der Mensch die Ehre hat, dem Sein nahe zu stehen. Das bezeugen die Unendlichen Ordnungen . . .

Wolfgang Rupprecht. . . . Platons Ideenreich. Ich habe das im Hörsaal I erfahren. Aber gern würde ich mich darüber noch weiter unterhalten.

Rüd Brück. Durch diese universale Transzendenz der Dinge an sich verbindet sich die Achtung vor allen Dinge widerspruchsfrei mit der Menschenwürde, und die Rolle der Menschheit im Ökosystem tritt aus dem Nebel der Vorurteile heraus ans klare Licht. Die Unendlichen Ordnungen sind wie das Flußbett unseres Denkens. Sie begründen auch das Aus für den Anthropozentrismus. Der anthropozentrisch denkende Mensch wäre niemals den Ansprüchen einer Globalgesellschaft gewachsen.

Otto Theobald. Ich wiederhole zwischenzeitlich meine Bedenken: Noch bevor er aus den mythischen Träumen seiner Vorzeit erwacht und seine finale Weltordnung herstellt, könnte das Ökosystem in einer übermächtigen Immunreaktion seine eigene Rettung erzwingen und die Menschheit auslöschen. Das, haben wir festgestellt, kann jeden Tag beginnen, und wir hoffen, daß die Aids-Seuche nicht schon der schleichende Beginn ist. Das Ökosystem ist ein globaler Organismus aus DNS und Proteinen, um viele Potenzen komplizierter als unser eigener Organismus. Um dasselbe Maß ist er auch fähiger, sich gegen eine pathogene Spezies zu wehren.

Wolfgang Rupprecht. Ich verstehe sehr gut. Sehr gut. Warum sollte er sich nicht gegen die Menschheit durchsetzen können? Seine Intelligenz steckt in der Komplexität seiner Strukturen und Funktionen. Ich verstehe das sehr gut.

Rüd Brück. Die Anerkennung des Tieres als gleichberechtigtes Lebewesen - seine Würde ist immer artspezifisch begrenzt - und das Verständnis, daß der Mensch ein biologisches Wesen ist, ist die Voraussetzung modernen Denkens.

Wolfgang Rupprecht. In der Steinzeit legten ja Geister- und Göttermythen die Verehrung der Naturgewalten nahe . . .

Rüd Brück . . . und erst mit dem Setzen von Dogmen begannen Religionen sich zu formen. Auch der Islam thront übrigens auf Dogmen im weiteren Sinne.

Wolfgang Rupprecht. Die Dogmatisierung war ein großer Schritt in Richtung Logik. Im ostasiatischen Raum sind undefinierbare Naturreligionen noch heute Synkretismen aus Geisterglauben, Polytheismus und Monotheismus. Sie haben noch kein begriffliches Denkschema entworfen.

Rüd Brück. Man muß versuchen, nach diesem Gesetz der allmählichen Logisierung des Denkens vorzugehen und den kontinuierlichen geistigen Aufstieg des Menschen zu rekonstruieren, vom mythisch/schamanischen Glauben über das mythisch/dogmatische zum halb-rationalen (empirischen) Denken der Naturwissenschaften, und von hier zum logisch-rationalen, welches erst auf einer axiomatischen Basis seine volle Kraft entfaltet.

Otto Theobald. Ich plädiere dafür, von „Mythologismus" zu sprechen, wenn sich das Denken überwiegend an Mythen orientiert.

Rüd Brück. Die vielen Ismen sind zum Lachen - aber inzwischen kommt es auf ein paar mehr nicht mehr an. Mythologismus - Dogmatismus - Logizismus, das wäre die richtige Stufenleiter.

Otto Theobald. Die Religionen entwickelten aus Mythen eine pragmatisch erscheinende, aber immer noch irrational begründete Ethik, die sie der Gesellschaft mit Autorität verordnen müssen, weil sie sonst nicht befolgt wird.

Wolfgang Rupprecht. Nicht nur die Ethik war ein Mythologismus. Auch die Kosmologie.

Otto Theobald. Ethik und Kosmologie flossen ursprünglich ineinander.

Wolfgang Rupprecht. Wir müssen diese Blüte des Mythologismus nicht in der Jungsteinzeit, sondern in der Altsteinzeit suchen.

Rüd Brück. Ich benütze den Begriff Mythologismus jetzt gleich einmal zu einer historischen Analyse: Auch nach dem broncezeitli-

chen Mythologismus Homers blieb die Philosophie noch vielfach am
Mythos hängen. Diese älteste Philosophie landete, indem sie ja auch
nach dem Urprinzip suchte, teilweise beim Theismus: Um den Glauben an ein personartiges Urprinzip abzusichern, wurden Dogmen
gesetzt, Glaubenswahrheiten. Das waren bereits richtige Definitio-
nen, wenn auch keine scharfen. Insofern ein riesiger Schritt nach
vorn, wie du sagst, der zweifellos den unbändigen Wunsch des
Menschen nach rationaler Welterklärung beweist.
Otto Theobald. Es fehlte der Einblick in die faktische Weltstruktur,
die erst die empirischen Naturwissenschaften an den Tag brachten.
Rüd Brück. Dogmatismus steht also in der Mitte zwischen Mythologismus und Logizismus. Um es zu klären: Wir setzen offenbar
damit ganz richtig die Ratio über alle historischen Versuche der
Erkenntnis. Sie, die Vernunft, war immer schon die Methode des
Denkens, aber es war unklar, wie sie zum Erfolg kommen sollte.
Otto Theobald. Gut. Rationalismus = Logizismus und äußert sich
zuerst im mythischen, dann im dogmatischen und zuletzt im axioma-
tischen Denken. Es wäre deshalb noch präziser, die Stufenleiter mit
Mythologismus - Dogmatismus - Axiomatismus zu bezeichnen.
Der erfolgreichste Logizismus wäre demnach der Axiomatismus.
Rüd Brück. Aber um solche Feinheiten soll es jetzt nicht gehen!
Wolfgang Rupprecht. Ich bin nicht gewöhnt, so zu denken.
Für mich war der alte Geisterglaube bisher keine Stufe auf der Leiter
des logischen Denkens. Aber vieles spricht für eure Definition.
Man hielt bestimmt Geschichten von Vorfahren, Priestern und Göt-
tern für die gesuchte Logik. Es gab keine algebraischen Rechenver-
fahren, die Parallelen zur sichtbaren Welt verrieten, auch bei den
Griechen noch nicht.
Rüd Brück. Verständlicherweise suchten die ionischen Philosophen
nach ihrem Abschied vom Mythologismus zuerst in der Materie nach
den logischen Gesetzen, denn bei der Beobachtung des Wassers, des
Sandes, der Luft, der Sterne, des Feuers, stießen sie auf vielerlei logische, nämlich arithmetische Zusammenhänge. Als Urprinzip wurde
zuerst das Wasser berühmt. Die Physiker praktizieren diese Methode

heute noch, wenn sie durch Beobachtung der Materie deren logische
Gesetze zu erkennen suchen. Sie sind dabei auf die unmateriellen
Elementarteilchen gestoßen - auf den Geist im Atom, wie Paul
Davies das Transzendente im Atom nennt -, wo sie mit ihrem Latein
aber am Ende waren, weil hier ihr Glaubenssatz, nur Beobachtung
könne Erkenntnisse bringen, versagte.

Wolfgang Rupprecht (erheitert sich vorbeugend). Die Araber
wissen gar nicht, wie nah sie zur Zeit Mohammeds an der Verbindung mit der Platonakademie vorbeigingen. Auch mir wird das jetzt
erst so richtig klar. Laßt mich das Ganze noch einmal zusammenfas-
sen. Ich möchte sehen, ob es mir gelingt.

Otto Theobald. Tu das. Es ist nützlich.

Wolfgang Rupprecht. Beim ersten *kritischen* Gehversuch der Ratio
haben sich also die Religionen vom ungeordneten Geisterglauben
losgesagt, indem sie aus Mythen eine etwas systematischere, eine
dogmatische Religion machten. Daß die Wahrheit über die Welt und
die Menschen so noch nicht zu erbringen war, erkennt ihr an der
Verschiedenheit der Entwürfe. Die Ausreifung zum Monotheismus
erscheint zuerst in der jüdischen Religion. Dann - allerdings halbher-
zig - im Urchristentum mit seiner Heiligen Familie, und schließlich
gipfelt sie im Islam.

Otto Theobald. Mehr leistet der Monotheismus nicht, weil er die
ontologischen Gesetze, etwa die letzten Ursachen des Seins, personi-
fiziert.

Wolfgang Rupprecht. Später, in der Aufklärung, die bis heute
dauert, verlor dann der angreifbare Dogmatismus allmählich an
Überzeugungskraft. Mit Isaak Newton kommt die Entdeckung, daß
Wissenschaft axiomatisiert werden kann und daß dies exakte Schluß-
folgerungen auf die physikalische Wirklichkeit zuläßt. Dadurch
konnten Astronomen erstmals göttliche Dinge wie die Planetenbah-
nen ganz ohne Mythos erklären.

Otto Theobald. In der Newton'schen Physik spricht man schon von
Axiomen statt von Dogmen, obwohl seine drei Axiome nur Formu-
lierungen empirischer Sachverhalte sind, die jederzeit revidiert

werden können. Du siehst ja schon, sie mußten von Einstein verbessert werden. Echte Axiome brauchen dagegen keine Verbesserung. Ich denke an das Axiom „es gibt die Zahl 1".

Rüd Brück. Nein, das Eine läuft nicht Gefahr, überholt zu werden.

Wolfgang Rupprecht. Grob angeschnitten, wäre das also eure Geschichte der philosophischen Erkenntnis.

Rüd Brück. Und nach dieser langen Entwicklung vom Mythos zum Logos läßt sich erstmals auch das Selbstverständnis des Menschen kritisch beleuchten. Seit die Unendlichkeit - in Form der Unendlichen Ordnungen - den personhaften Gottesbegriff durch einen begrifflichen, logischen ersetzt, und indem dadurch das Göttliche keine vorgesetzte Instanz mehr ist, ausgestattet mit höchsten Vollmachten, ist das Wesen aller Dinge frei von den Rangordnungen, die der Mythologismus noch in den Mittelpunkt stellt.

Otto Theobald. Das menschliche Selbstverständnis, wie die Öffentlichkeit es kennt, steht gegenwärtig noch mit dem einen Bein im Kahn des Mythologismus, mit dem andern schon im Kahn der Axiomatismus, und wenn es jetzt nicht bald umsteigt, fällt es ins Wasser.

Rüd Brück. Apropos Rangordnung: Zerfließend in den Unendlichen Ordnungen, der Ursache der Welt, existiert unser Bewußtsein selbst ja unendlich geordnet, wie heute schon erwähnt wurde. Unser Bewußtsein ist so gesehen doch letzten Endes, wie Protagoras es intuitiv meinte, das Maß aller Dinge. Es ist ihre Ursache und ihr transzendentaler Geist, der alles ohne Ende ordnend zählt. Das Bewußtsein ist sozusagen die Blüte der Unendlichkeit. Und in unserem Blick auf die Dinge tragen wir das Bewußtsein von der Unendlichkeit. Die räumliche und zeitliche Gegenwart des Ichs durchdringt die unendlich geordneten Universen. Der Fehler des Menschen war, daß er Vorrechte daraus ableitete.

Otto Theobald. Ich sag's mal so: Es gibt selbstverständlich im biologischen Bereich Rangordnungen, aber sie sind kein göttliches Prinzip, sondern ökologische Zweckmäßigkeit, für Arten, die in der vernetzten Natur überleben müssen. Und der mythologistisch empfindende Mensch hat sie irrtümlich als göttliches Grundprinzip fehlgedeutet.

Wolfgang Rupprecht. Sind die Unendlichen Ordnungen aber nicht selbst Rangordnungen, was die biologische Rangordnung universal macht?

Rüd Brück. Man muß trennen. Du findest die Unendlichen Ordnungen bei den Zahlen anschaulich erklärt, wo zehn Einer einen Zehner, zehn Zehner einen Hunderter darstellen. Das sind reine „Größen"ordnungen. Hinter ihnen verbergen sich hierarchisch geordnete Universen, genau dem Zahlensystem entsprechend. Der Hunderter hat aber keine Vorrechte vor dem Zehner, der Zehner hat keine Vorrechte vor dem Einer. Dieser ist nicht sein Untertan. Die Geordnetheit des Seins ist keine soziologische mit ethischer Wirkung. Ich spreche dort auch korrekterweise nicht von „Rang"ordnung, sondern lasse den Begriff des Ranges weg. In einer ökologischen Gruppe, so bei den Hominiden, ist eine Rangordnung eine angeborene Rechtsordnung. Bei den Unendlichen Ordnungen natürlich nicht.

Wolfgang Rupprecht. Das ist klar. Die Bevorrechtung des Menschen wird ja erst durch die Tatsache nahegelegt, daß er seine Lebensbedingungen mit den Händen verbessern kann. Erst der Erfolg des Gestaltens hat ihn auf die Idee gebracht, sich zu verherrlichen und über das Tier hinaus zu belobigen. Hände hat er übrigens nur, weil schon die Affen sie brauchten, um sich in Baumkronen zu bewegen. Die Hände machen ihn ökologisch gefährlich. Delphine wären eine ungefährliche Menschheit. Sie haben zwar ein hoch entwickeltes Gehirn, aber keine Hände, um Gedanken in Zerstörungen umzusetzen. Delphinmenschen könnten keine materielle, aber sehr wohl eine geistige Kultur entwickeln. Dadurch gäbe es kein ökopathologisches Zwischenstadium, wie bei uns. Eine Delphinmenschheit bliebe von Anfang an in die ökologischen Gesetze eingebunden.

Otto Theobald. Vielleicht könnten Wesen ohne Hände, die nicht einmal Papier und Bleistift benützen, sogar nur aufgrund der Kenntnis der Zahlen die Unendlichen Ordnungen entdecken und die

Gravitation und Quantenmechanik darin nachweisen, denn mathematisch geht das mit dem Urprinzip höchst einfach. Wie vieles, das der Erfahrung nicht mehr zugänglich ist, dennoch entdeckt werden kann, beweisen die antiken Atomisten. Nach Aristoteles soll Demokrit die Atome entdeckt haben, nur weil er nicht an etwas beliebig Kleines glauben konnte. Soviel könnten Delphine auch.

Rüd Brück. Sie brauchen noch einige Zeit. Selbstverständlich könnten sie dann die Unendlichen Ordnungen aus den Zahlen entwickeln und mit dem Urprinzip sogar beweisen, aber das verlangt eine extrem konzentrierte Denkfähigkeit. Sie könnten ja nichts notieren.

Wolfgang Rupprecht. Na, ja, wir Menschen verfügen über kein allzu konzentriertes Denkvermögen, nachdem wir das meiste mit den Händen verrichten und weil das Gehirn deshalb nicht mit dem besten Gedächtnisspeicher ausgerüstet worden ist. Ich wollte nun aber, als ich vorhin dazukam, vor allem hören, warum die Menschheit als krankhafte Entartung im Ökosystem interpretiert werden muß und warum das mehr ist als ein literarischer Vergleich. Anscheinend sind wir jetzt endlich doch noch an dem Punkt angekommen.

Rüd Brück. Wir sind an dem Punkt. Nein, die Milliarden-Menschheit ist nicht einer Schädlingsepidemie vergleichbar, sondern sie ist eine. Würde ein außerirdischer Wissenschaftler, den keine Mythen verwirren, heute die Erde von fern untersuchen, so würde er auf eine schwere Erkrankung der Biosphäre tippen.

Otto Theobald. Das ist anzunehmen.

Rüd Brück. Die Großstädte würde er nämlich auf den ersten Blick als kristalline Ausfällungen deuten, die aber seltsamerweise fiebrige Temperatur haben und sich vornehmlich in intakten Biotopen ausbreiten, bis sie nach einer Reihe von Jahren anderswo Metastasen gründen, an einer Flußmündung meist, oder in einem fruchtbaren Tal, dessen Artenvielfalt daraufhin rundum abstirbt. Große Kahlschläge würde der galaktische Forscher als Vorstadien solcher ökologischer Geschwüre klassifizieren. Er würde schließlich in sein Fernrohr ein kurzbrennweitiges Okular schieben, um die vermuteten

Krankheitserreger nachzuweisen, die den Dunst und die Temperatur verursachen. Und da würde er feststellen, daß in den pathologisch veränderten Flecken stets Millionen winziger Punkte herumwimmeln, die es in unberührten Gegenden nur selten gibt. Danach würde er die Konzentration der Giftdünste und der todbringenden Ausflüsse messen und das Krankheitsphänomen bestätigt finden.

Wolfgang Rupprecht. Für einen Mediziner ist das lehrreich. Handlich kurz gefaßt, ist von einer anthropogenen Öko-Pathologie deshalb zu sprechen, weil die Menschheit durch ihre chaotische Vermehrung der Kontrolle der Natur, des Ökosystems, entglitten ist. Die Natur könnte aber die Kontrolle wieder zurückgewinnen.

Rüd Brück. Ohne weiteres. Eine Viren- oder andere Mikrobenseuche kann jederzeit ausbrechen. Die chemische Veränderung der Atmosphäre könnte binnen Jahrzehnten eine kleine Eiszeit verursachen, die die Wirtschaft lahmlegt. Wer weiß das? Nichts von alledem ist vorhersagbar. Der Mensch sucht deshalb unermüdlich nach Entschuldigungen, die seine ökologie-fremden, ich sage mal lieber: kulturorientierten Regelmechanismen idealisieren sollen. Er will damit seine antiökologischen Werte in bestem Licht erscheinen lassen. Am weitesten kommt er mit den Mythen. Er kann mit ihnen belegen, daß seine Landwirtschaft Naturschutz ist, seine Ökonomie Ökologie, seine Vermehrung gottgewollt. Ja, wenn 10 oder 50 Millionen diesen Planeten bewohnen würden, wären Ökonomie und Ökologie leicht vereinbar! Der Einzelne könnte verschwenderisch leben. So aber muß er mit der Ideologie vom besonderen Wesen Mensch die Überzeugung schüren, die Natur sei, wenn sie mit Käfer- und Schneckenplagen künstliche Plantagen renaturieren will, das Böse, seine eigenen Veränderungen an der Natur aber seien das Erhabene. So gerüstet, tritt er gegen die Ökologie an.

Otto Theobald (zu Wolfgang Rupprecht). Die Theologie ist mittlerweile nur noch damit beschäftigt, der Menschheit das Etikett der Sondervollmachten wieder anzupappen, wenn es herunterfällt.

Rüd Brück (zu Wolfgang Rupprecht). Bei einem ökologischen Weltbild, in dem die Menschheit die Rolle einer Schädlingsplage

spielt, muß die Theologie „Schluß mit der Ratio!" schreien.
Die Verteufelung der rationalen Weltanschauung eskalierte bereits,
als Darwin die Abstammung vom Tier entdeckte. Es war bei der
Schulbildung der Massen damals nicht schwer, diese nicht anthropozentrische Anthropologie zu verwerfen, die sich nicht auf *Kul*tur
berief sondern auf *Na*tur. Die Anthropologen bemerkten nicht, wie
komplex der Zusammenhang war, und so unterschätzten sie auch
lange Zeit die weltanschaulichen Folgen. Noch heute sind sie sich oft
gar nicht recht bewußt, daß sie eine Wissenschaft aufgebaut haben,
die unter der Einreihung des Menschen in die Tierwelt auch zugleich
die Einreihung der Milliardenmenschheit unter die Öko-Pathologien
versteht.

Wolfgang Rupprecht. Und doch machen sich jetzt weite Kreise mit
der neuen Abstammungslehre vertraut. Da kann man sich schon
 erklären, warum islamische Fundamentalisten im Zornesausbruch
gleich ganze Riesenflugzeuge in das Herz der westlichen Welt
feuerten. Die Rangfolge Gott - Mensch - Tier anzutasten, bedeutet
dem Islam nicht mehr und nicht weniger als den Angriff auf die
biblische Anthropologie, auch wenn das manche aus Gründen der
Rücksicht nicht aussprechen.

Otto Theobald. Ganz meine Meinung.

Wolfgang Rupprecht. Die Abschaffung der Hierarchie Gott -
Mensch - Tier äußert sich ja in Bereichen, denen man es auf den
ersten Blick nicht zutrauen möchte. Sie führt zu allerlei Liberalisie-
rungen, und die sind nicht alle vorteilhaft, denke ich. So gehört zwar
zu den erfreulichen Folgen die Freigabe des ethischen Nachdenkens,
nicht aber der herrschende Wertepluralismus, denn er vernebelt zugleich auch die Ökologie . . .

Rüd Brück. . . . und die inneren, menschlichen Naturgesetze.
Der Wertepluralismus macht den Menschen viel zu beliebig,
was er angesichts seiner biologischen Gesetze keineswegs ist.
Biologisch gesehen ist er genauso festgelegt, wie die Autoren der
Bibel ihn durch einen Gottesodem physisch und psychisch festgelegt
haben - auch sie hielten wohl nichts von seiner Beliebigkeit, und

vielleicht ahnten sie intuitiv die biologischen Gesetze.

Otto Theobald (hat nicht zugehört:) Die Fundamentalisten irritiert auch, daß der Mensch durch eine Gleichbewertung mit dem Tier seine Mittelpunktsstellung in der Welt einbüßt, denn das kommt keiner Religion entgegen . . .

Rüd Brück. Der momentane Wertepluralismus ist nichts als eine Aufbruchsstimmung, wenn alles, was man für die finale Weltordnung gebrauchen könnte, kunterbunt herumliegt.

Wolfgang Rupprecht. Heute abend dürfte das wohl genügend vielseitig hervorgegangen sein.

Rüd Brück. Es ist nicht nur das, daß das Urprinzip Rangordnungen als rein öko-soziale Erscheinungen definiert und so dem Menschen die Vorrangstellung in der Welt, die absolute Höherstellung entzieht, sondern dieses Urprinzip sagt auch etwas aus über die konkrete Form, die die neue Weltordnung bekommen muß.

Otto Theobald. Wenn mir jemand entgegnen würde, das elementare Prinzip sei ungeeignet, die zukünftige Weltordnung zu entwerfen - ich würde ihn fragen, welches bessere Prinzip er nennen kann. Dieser Herausforderung wäre er nicht gewachsen.

Wolfgang Rupprecht. Ich glaube, mit dem Verlust der Zentralstellung ergeben sich die meisten Fragezeichen.

Rüd Brück. Abgesehen davon, ihr seht die Dinge etwas zu naiv.

Wolfgang Rupprecht. Im Ernst?

Rüd Brück. Mit eurer Schlußfolgerung, der Mensch verliere durch die Öko-Pathologie die Mittelpunktsstellung in der Welt, differenziert ihr die Sache nicht ausreichend. Da stimmt was nicht.

Wolfgang Rupprecht. Warum?

Rüd Brück. Du selbst warst vielleicht noch gar nicht dabei, heute abend, als Otto und ich das streiften. Als vor fünfhundert Jahren publik wurde, daß der Planet Erde nicht wie erwartet im Mittelpunkt des Sonnensystems steht, fühlten sich die Christen an den Rand gedrängt und terrorisierten die Aufklärer. Das weiß jeder. Aber sie regten sich eigentlich umsonst auf, und das weiß nicht jeder. Denn die Erde, der Wohnort, ist nicht zugleich die Menschheit.

Da muß man schon unterscheiden. Allein astronomisch verlor die
Menschheit keineswegs ihre ontologische Sonderstellung oder
ideelle Mittelpunktsstellung, sondern nur den geometrischen Ort in
der Mitte des Kosmos. Nun sieht die Platonakademie das aber noch
einmal detaillierter. Mit der Lehre von der Öko-Pathologie entfernen
wir zwar die Menschheit nun auch aus der ideellen Mitte, sprechen
aber nur speziell der übervermehrten Menschheit die bemerkenswerte Sonderstellung des Wesens Mensch ab. Es ist doch so, daß *der
Mensch* keineswegs durch die pathologische Entartung der *Menschheit* seine Besonderheit, nämlich rational denken zu können, verliert.
Die ontologische Besonderheit des *Wesens Mensch* wird weder vom
heliozentrischen Weltsystem gestürzt, noch von der Öko-pathologie.
Wenn einer darauf vertraut, unser ökologisches Urteil bringe die
Theologie endgültig in Verlegenheit, so irrt er.
Wolfgang Rupprecht. Ich erlaube mir die Zwischenbemerkung,
daß das Christentum immer eine rettende Interpretation findet.
Jedenfalls war das bisher so.
Rüd Brück. Das soll es auch! Das ist sogar zu begrüßen. Nur muß
sie stimmen. Was die Würde des Menschen als Lebewesen betrifft,
bin ich mit den Theologen auf einer Linie. Was die Bevorzugung der
Menschenwürde betrifft, bin ich es nicht. Was die Würde einer
Giga-Menschheit betrifft, bin ich es natürlich auch nicht. Und was
die Mythenhörigkeit betrifft, auch nicht. Die bringt begrifflich alles
durcheinander.
Wolfgang Rupprecht. Es geht Christen aber doch auch ganz
wesentlich um die Menschheit als Ganzes, wenn sie von
Menschenwürde sprechen.
Rüd Brück. Das stimmt. Da muß man sehr genau aufpassen:
Wenn Christen den Menschen mit Würde auszeichnen, aber dabei
die heutige Sechs-Milliarden-Menschheit meinen, ignorieren sie die
Öko-Pathologie. Vor dem Vorwurf, einer Schädlingsepidemie zu
huldigen, kann man sie dann nicht schützen. Aber sie sagen oft nur
gedankenlos „Menschheit" und meinen „Mensch". Dann liegt nur ein
Mißverständnis vor.

Wolfgang Rupprecht. Also feiert der Anthropozentrismus doch in gewisser eingeschränkter Weise seine Berechtigung. Das ist ein gelungener Witz.

Rüd Brück. Nicht der Anthropozentrismus, den man bisher so bezeichnet! Und man sollte auch in der modernen, reformierten Platonischen Philosophie den Begriff Anthropozentrismus unbedingt als Synonym für Bevorrechtung gemäß der Rangordnung Gott - Mensch - Tier belassen. Dieser Anthropozentrismus ist widerlegt.

Otto Theobald. Tatsache ist, daß jedes Lebewesen ja seinen subjektiven Zentrismus hat. Es gibt einen Mäusezentrismus, einen Marderzentrismus, einen Rinderzentrismus, einen Bienenzentrismus und einen Anthropozentrismus - so gesehen ist Zentrismus nur etwas Subjektives und damit ohne Bedeutung. Jede Art fühlt sich als die beste. In jedem Zentrismus aber, der die ökologische Höherstellung meint, keimt eine Öko-Pathologie. Das ist wie unter Völkern. Jedes Volk hält sich für das beste und intelligenteste und unschuldigste. Das kann es machen. Wenn eines aber sein Selbstwertgefühl auf Kosten der anderen immer weiter treibt, etwa indem es sich zum auserwählten Volk ausruft und verlangt, daß andere ihre Rechte abzutreten hätten, dann stört es die Balance.

Rüd Brück. Leider hat das zwanzigste Jahrhundert - besonders die sogenannte philosophische Anthropologie - aus Angst, die Wertetafel vom Sinai hinterfragen zu müssen, so manches nicht verarbeitet. Sie hat auch den Begriff der Verantwortung nicht so weit untersucht, daß sie erkannt hätte, daß die Heuschrecke nichts für die Heuschreckenplage kann.

Otto Theobald. Weil sich Philosophie zu sehr als Spekulation verstand.

Rüd Brück. Ja, schon die Mengenlehre hätte die Philosophen aufgeklärt, wenn die nicht immer nur metaphysisch spekuliert hätten.

Otto Theobald. Es gibt keine Menge, die aus mehreren Elementen besteht und genau dieselben Eigenschaften hat wie eines ihrer Elemente.

Wolfgang Rupprecht. Mir würde ein Beispiel weiterhelfen.

Otto Theobald. Sandkörner. Du möchtest meinen, ein Sandhaufen sei nur die Summe der Körner, nichts weiter, weil er eben bloß ein Haufen ist. Nein, der Sandhaufen hat zwar keinerlei komplexe Struktur, und dennoch hat er zusätzliche Funktionen. Er kann über dich herabstürzen und dich ersticken. Es kann einen Sandsturm geben, so daß Autos in den Dünen stecken bleiben. Das alles kann das einzelne Sandkorn nicht. Und so ist auch die Menschheit etwas anderes als ein einzelner Mensch. Sie kann alle effektiven Eigenschaften einer Schädlingsplage oder eines bösartigen Tumors annehmen - der einzelne nicht.

Wolfgang Rupprecht (sorgt für Erregung). Es sei denn, der einzelne verschafft sich das Zerstörungspotential der ganzen Menschheit, was er als Mensch sogar unter gewissen Umständen vermag, das Sandkorn aber nicht.

. . . .

Otto Theobald. Die Auswüchse des Anthropozentrismus, die biblischen Vorrechte des Menschen vor dem Tier, werden die Menschheit noch lange irreführen. Auch sind sie so mit Wirtschaft und Ethik verfilzt, daß man den Anthropozentrismus, obgleich er widerlegt ist, augenblicklich nicht herausoperieren kann. Schau, es ist doch auch ein finsteres Kapitel, daß die Medizin heute nicht mehr nur zu helfen da ist, wie in ihren Anfängen, sondern eine Wirtschaftsmacht darstellt, die funktionieren muß, was ihr in letzter Konsequenz verbietet, die Krankheiten aus der Welt zu schaffen. Die Menschheit übertreibt mit der Medizin das anthropozentrische Vorrecht so weit, daß sie sogar vom Elend des eigenen Artgenossen, des einzelnen ins Unglück geratenen Menschen lebt, und sie zieht außerdem andere Arten mit in dieses Übel hinein. Ich meine die Tierversuche, die wie die Tiertransporte, wie überhaupt die Tierhaltung vom Vogel im Käfig bis zum Rind im Stall, weit entfernt ist von artgerechtem Umgang mit dem Tier. Solche irren Verhaltensweisen, daß eine einzelne Art, um lustig zu leben, das Elend der Welt braucht, treibst du unserer Gesellschaft nicht so leicht aus.

Wolfgang Rupprecht. Auch dieses „medizinische Parádoxon"

haben die Philosophen nicht aufgegriffen. Ich gebe dir völlig recht. Sie haben Angst, den Mythos anzuprangern. Dabei sollte Gründlicheres geschehen als nur ein Anprangern. Analyse sollte es sein.
Ich weiß. Vielleicht lassen sich alle epidemischen Krankheiten der Menschheit als Folgen der Öko-Pathologie interpretieren. Um sie symptomatisch zu bekämpfen - nicht etwa, um sie aus der Welt zu schaffen! - wird das Tier in den Labors seiner Würde beraubt und geschändet. Die Medizin ist bis heute zutiefst eine anthropozentrische Wissenschaft geblieben. Schau, hier sitzt ein Mediziner und ist nicht schuld daran.

Otto Theobald. . . . So verstehst du nun doch unser Bedürfnis, die Akademie Platons in den Dialog zu entsenden. Das muß sein, damit sie, die bedeutendste philosophische Unternehmung der Menschheit nach den Religionen, nun zuletzt mithilft, alle diese Paradoxien zu lösen. Du warst der Meinung, wir sollten uns ein schöneres Leben machen.

Wolfgang Rupprecht. Trag es mir nicht nach. Vergiß es!

Rüd Brück. Immerhin, wir nehmen im Bereich Medizin noch keinen ökologisch-ethischen Fortschritt wahr, und das scheint mir an der Tabuisierung zu liegen. In mythologistischer Gedankenlosigkeit stützen Wissenschaftler, indem sie der Kirche gehorchen und Mensch und Tier ethisch unterschieden sehen, die Höherbewertung menschlicher Embryonen vor den tierischen: Die einen sind des Lebens wert, die anderen sind Wegwerfware.

Wolfgang Rupprecht. Und doch reden Mediziner bereits vom Tier im Menschen. Ich gebe zu: auch wieder zuerst nur an der Basis, wie überall. Du mußt verstehen, daß sich die Erkenntnis, daß Tiere Intelligenz und hoch entwickelte Emotionen haben, erst seit wenigen Jahrzehnten verbreitet. Du kannst keine Veränderung in null Sekunden erwarten.

Rüd Brück. Der neuchristliche Mensch kehrt jedenfalls zu der sokratischen Forderung zurück, Ethik nicht in Dogmaform zu sich zu nehmen, sondern gedanklich zu begründen. Sokrates machte, wenn man Platon folgen darf, einen Riesenschritt vom Mythologismus zum

Logizismus, sogar über das zwanzigste Jahrhundert hinweg bis in
unser drittes Jahrtausend. Dafür wurde er - seine Gegner sahen die
Mythen in Gefahr - beseitigt.

Wolfgang Rupprecht. Das führt mich noch einmal zur Gentechnik
zurück. Sobald die Gleichstellung von Mensch und Tier im Bewußtsein ist, wird, nehme ich an, nur noch mit Stammzellen statt
Embryonen experimentiert. Das ist doch auch eure Version.

Rüd Brück. Ja. Ich meine, daß aus Ehrfurcht vor dem Wesen
Mensch möglichst keine menschlichen Embryonen benützt werden
sollten. Ich glaube sowieso nicht, daß das nötig ist. Aber ich glaube
auch nicht, daß in der Forschung dann die Embryonen vom Fisch die
menschlichen ersetzen dürfen - ebenfalls aus Ehrfurcht vor diesem
Lebewesen. Der Fisch repräsentiert unsere stammesgeschichtliche
Vergangenheit.

Wolfgang Rupprecht. Ein in seiner ganzheitlichen Komplexität
funktionierendes, ökologisch gesundes Leben ist nicht nur ein wun-
derbares, es ist vor allem ein nicht ersetzbares Gut unserer Erde,
dessen ethischer Wert über allen anderen Gütern steht. Das geht
deutlicher noch aus der Biologie hervor als aus der Religion.

Rüd Brück. Wir sind uns einig, Wolfgang. Wir können die Erha-
benheit des Menschen anerkennen, stellen sie gleichrangig neben die
des Insektes, des Wurmes, des Hundes, aber übertragen sie nicht auf
die Giga-Menschheit, die größte je dagewesene Schädlingsplage im
Ökosystem.

Wolfgang Rupprecht. Für das Wesen Mensch als solches gäbe es
ganz andere Welten, in denen es in Hochachtung vor sich selbst
leben könnte, als diese frivole Vorstellung von einem Recht, alle
Arten zu mißhandeln. Warum kümmert er sich nicht bewußt um ein
Dasein in Weisheit und Freude? Das ist mir ein Rätsel. Die kalte
Intoleranz gegenüber anderen, das ständige Dominieren-Wollen,
all diese Gedankenlosigkeit verdirbt die Freude am Dasein. Die
Freude am Dasein wird einer Flut von Launen hingeopfert.

Rüd Brück. Ein Rätsel ist es nicht! Ursache ist allein der Rangordnungstrieb, der in uns steckt. Kalte Ignoranz, mangelhafte Solidarität,

das sind ausschließlich seine Folgen. Jedenfalls nicht seine Ursachen. Unser Gespräch führt uns also immer wieder unerbittlich zurück zu der Einsicht: Den einzigen Ausweg wird uns die Gentechnologie eröffnen, sobald sie einmal das Erbgut des Verhaltens gezielt anpassen kann.

Wolfgang Rupprecht (nickt eifrig). Aber erst sobald man weiß, welche Proteine da kombiniert im Innern der Chromosomen am Werk sind. Und das ist extrem kompliziert.

Otto Theobald. „Extrem kompliziert" ist nur ein schwacher Ausdruck dafür. Um die chemischen und physikalischen Vorgänge in einem einzigen Enzym vollständig darzustellen, haben mehrere Großrechner jahrelang zu tun.

Rüd Brück. Das ist übertrieben. Da hast du etwas Falsches gehört.

Wolfgang Rupprecht. Nein, nein, es stimmt schon. Man wird daher auch nie an direkte Pinzetteneingriffe denken können. Wenn man etwas erreichen kann, dann indirekt, indem man Proteine und Gene einfach nach ihren Möglichkeiten wirken läßt.

Otto Theobald. Die wissen, wie's geht. Dann müssen nicht auch wir genau wissen, wie sie es machen.

Wolfgang Rupprecht. Nach eurer Meinung kommt also mit der Union der Religionen auch die Korrektur des Verhaltens.

Rüd Brück. Kommen wird genau diejenige Korrektur, die sich artikuliert, sobald der Mensch nicht mehr in der ökologischen Vernetzung leben will und eine dem entsprechende Weltordnung braucht. Wir dürfen aber nicht so sehr an einige unabhängige Instinkte denken, die da einzeln behandelt werden. Schon wenn nur die Aggressivität herabgemildert wäre, könnten diejenigen Instinkte, die das Dasein wertvoll machen, die Führung übernehmen. Die Aggressivität hat ihre Ursache hauptsächlich im Dominanztrieb - oder umgekehrt -, der auch die Nächstenliebe blockiert, die den künftigen Status der Menschheitskultur ohne Zweifel regieren wird.

Wolfgang Rupprecht. Wahrscheinlich ist es der Ranginstinkt.

Rüd Brück. Er blockiert aber nicht nur die Nächstenliebe, sondern stemmt sich auch gegen alles nicht vom Menschen Gemachte, auch gegen seine eigene psychische Natur.

Wolfgang Rupprecht. Bisher ist der Mensch ja, wenn er einen Instinkt dämpfen will, auf den Einsatz des Verstandes angewiesen. Mit in der Natur nicht vorkommenden Sitten will er die Natur von sich fernhalten. Aber damit macht er sich unglücklich. Das war doch schon Anfang des zwanzigsten Jahrhunderts der Gegenstand der Psychoanalyse. Sigmund Freud führte die These ein, die Verdrängung der „Triebe" durch Sitten verursache im Unterbewußtsein einen Stau, der krank macht. Allerdings hat man seine Theorie als peinlich empfunden, denn sie zeigt, wie der Mensch von seinem genetischen Erbe abhängt und wie recht Darwin gehabt hat.

Rüd Brück. Daß jeder verändernde Eingriff in das Netz der Natur systematisch zur Störung wird - *wegen* der Komplexität! -, ist der fatale Mißerfolg einer jeden Kultur. Im Reich der Instinkte gilt das ebenso wie im Biotop draußen.

Wolfgang Rupprecht. Ja, Eingriffe erzeugen Laufmaschen.

Rüd Brück. Wir kennen die Netze der Funktionen nur sehr sehr unvollständig und beherrschen sie daher auch nicht. Plötzlich wird zum Beispiel entdeckt - und man ist darüber höchst erstaunt - daß NO_2 eine hormonelle Funktion hat. Oder neuerdings findet man ein Gen für die Fettleibigkeit, das über das Hormon Leptin gesteuert wird. Aber schon lange vorher erweckten die Experten den Eindruck, als wären sie wirkliche Experten.

Otto Theobald. Ein Mißverständnis. Das wollten sie gar nicht!

Rüd Brück. Solange sich der Mensch Unfehlbarkeit einredet, wird er vor der biologischen Komplexität die Augen schließen, voll der Ahnung, daß sonst seine Fehlbarkeit publik würde und er die Rolle des Unwissender spielen müßte, er, der Homo sapiens! Stell dir diese Schande vor!

Wolfgang Rupprecht. Veränderungen an den Netzwerken können eben deshalb höchstens Akzente sein. Vom einen Instinkt ein bißchen mehr, vom andern ein bißchen weniger.

Otto Theobald. Was du da sagst, daß der Mensch gern so tut, als sei die Natur die einfachste Sache der Welt, erinnert mich gerade eben an die Weltraumfahrt. Keiner weiß heute zwar, wie man die belastete Natur auf der Erde noch stabil halten soll, kündigt aber triumphierend an, er könne ein komplettes Ökosystem auf dem Mars errichten. Mit unprüfbaren Utopien kann man die Öffentlichkeit leichter bezaubern als mit Taten auf der Erde, wo jedermann den Murks bemerkt.

Rüd Brück. Na siehst du! Ich sage deshalb immer wieder: Nur eine Natur, die alles mitmacht, wäre dem Menschen sympathisch. Eine Natur, die etwas Geschaffenes, Beherrschbares ist, worin er vor allem sich selbst abgebildet sieht, wäre ihm angemessen.

Der Mensch versucht nicht nur in der Wissenschaft, sondern auch bei ästhetischen Dingen, sich über die Natur zu stellen, obwohl ihm in Wahrheit das Ökosystem absolut übergeordnet ist. Findet er in der Natur nicht eine Kopie seiner selbst, ist sie für ihn oft ziemlich wertlos. Dafür gibt es schöne Beispiele, die aber bei so viel Anthropozentrik nicht sonderlich auffallen.

Otto Theobald. Dann sag eines.

Rüd Brück. Warum bewundert man das Ölgemälde vom stillen See erst, wenn wenigstens ein Steg aufs Wasser hinausführt? Warum wird ein Gemälde vom Meer leichter verkauft, wenn wenigstens in der Ferne ein Schiff fährt? Warum braucht die Winterlandschaft auf der Postkarte als Blickfang eine zugeschneite Hütte? Warum denn keine unberührten Wälder? Warum muß im Gebirge ein Wanderer stehen? Bilder von der reinen Natur sind im allgemeinen nur für die wissenschaftliche Betrachtung interessant. Weißt du, daß Dantes grauenhaftestes Erlebnis der Anblick des unberührten Urwalds war? Damit beginnt er seine Göttliche Komödie.

Wolfgang Rupprecht. Du machst meine Bildersammlung zur Kuriosität!

Rüd Brück. Und so erklärt sich auch, warum so viel fotografiert wird. Menschen wollen eigentlich die Dinge selbst nicht bewundern, die sie fotografieren, sondern nur ihre eigenen Fotokreationen.

Wo sie im Urlaub waren, das würdigen sie erst so richtig, wenn sie wieder daheim sind.

Otto Theobald. In den letzten Jahren haben doch auch die nicht
vom Menschen gemachten Dinge Bewunderer gefunden.
Rüd Brück. Ja, aber zögernd.
Otto Theobald. Mir scheint, die Auflösung des anthropozentrischen
Denkens ist im Gange. Es war etwa vor zwanzig Jahren, als ich mir
Dias vom Amazonasgebiet kaufte, weil ich für einen Lichtbildervor-
trag Fotos vom Regenwald brauchte. Ich bekam aber nur Plantagen,
Trassen, und die Oper von Manaus zu sehen. Kauft man heute
welche, sieht man Papageien, Stromschnellen, Orchideen . . .
Rüd Brück. Aber so ist es nicht. Filme über andere Länder zeigen
auch heute noch, ganz wie früher, vor allem die Menschen, die dort
siedeln, führen in langen und breiten Szenen ihre Feste, ihre
Gewohnheiten, ihre sozialen Verhältnisse vor. Nur wenig sickert
durch vom verbrecherischen Raubbau, vom Kahlschlag, vom Elend
der Haustiere. Allein Tierfilme haben sich seit Grzimek einen Markt
erobern können. Wenn du die meinst, gebe ich dir recht. Der Mensch
ist neugierig geworden, nach welchen Gesetzen die Natur funktioniert. Dabei vergleicht er aber unbewußt alles mit seiner Kultur und
ergötzt sich daran, daß das Leben in ihr schöner erscheint, das heißt
„menschengemachter“.
Wolfgang Rupprecht (spöttisch). Daran ist schon etwas Wahres.
Schimpansen sind ruhmlose Brüder, außer sie haben Hosen an und
Brillen auf. Die armen haben Gott sei Dank keine Ahnung von der
Welt, in die sie geraten sind und in der sie wohl untergehen werden.
Aber sie würden, das muß man realistisch sehen, wenn wir nicht
wären, in sechs Millionen Jahren dieselbe Pathologie über die Erde
bringen.
Otto Theobald. Ja, es ist anzunehmen, daß auch sie eine Religion
haben würden, die ihnen Bevorrechtung verspricht.
Wolfgang Rupprecht. Sie würden auch erst spät auf den Fehler
ihres „Schimpansozentrismus“ aufmerksam. Dann wäre die Überpopulation bereits eingetreten. Unwahrscheinlich, daß ihre Vermehrung
auf einem ökologisch erträglichen Stand stehen bliebe. Wo ist
eigentlich die Obergrenze für die Zahl der Menschen auf der Erde?

Rüd Brück (wägt ab). Fünfzig Millionen.
Wolfgang Rupprecht. Das ist verdammt wenig.
Rüd Brück. Es kommt drauf an, wie viel Land im Äquatorgürtel
eines Planeten bereit steht. Alle Menschen wollen an die Küsten, so
daß eine reiche Inselwelt im Äquatorgürtel der ideale Lebensraum
wäre, wo auch die Natur auf vielen eigenen Inseln ganz für sich sein
könnte. Freilich meine ich keine Isolierung der Menschen auf einsa-
men Inseln. Isolierte Inseln gibt es in Zukunft sowieso nicht mehr.
Die moderne Verkehrstechnik rückt sie eng zusammen.
Wolfgang Rupprecht. Trotzdem. Wenn ich bedenke: fünfzig
Millionen!?
Rüd Brück. Bitte keine ökopathologischen Zugeständnisse!
Immerhin rede ich von fünfzig Millionenstädten. Reicht das nicht?
Welche Großtierart zählt schon fünfzig Millionen? Ich spreche nicht
für die Anthropozentriker, was die für realistisch halten, sondern für
das biologische Gleichgewicht. Unter den Anthropozentrikern gibt es
sogar welche, die fünfzig Milliarden gut finden. Der verstorbene
Wirtschaftswissenschaftler Fritz Baade war so ein Wilder, der auch
die Abholzung der Regenwälder mit Bulldozern und Hackmaschinen
empfahl.
Otto Theobald. Ach?
Rüd Brück. Ja, das war die Fortschritts- und Kultur-Ideologie des
neunzehnten/zwanzigsten Jahrhunderts.
Wolfgang Rupprecht. Du sagst immer Kultur statt Zivilisation.
Rüd Brück. Wegen der Gegenüberstellung. Natur - Kultur bezeich-
net anschaulich die Polarität zwischen dem selbst Entstandenen und
dem Geschaffenen. Also nicht „Zivilisation". Das verschweigt die
Polarität. Ein Grund, warum „Zivilisation" auch so beliebt ist.
Wolfgang Rupprecht. Cultura heißt „das Gepflegte", gemeint ist
das Künstliche. Insofern hat das Wort Kultur einen Sinn
Rüd Brück. Unter Kultur wird oft einseitig nur geisteswissenschaft-
liche und ästhetische Kultur verstanden, obwohl es Agrikultur,
Monokultur, Bakterienkultur, gibt. Ist es nicht so? Auch ist der
Gebrauch des polarisierenden Wortes Kultur eine gewisse Geste

gegenüber Rousseau. Jean Jacques Rousseau war ein radikaler Kulturskeptiker. Seine Kritik war zwar nicht ausreichend begründbar, denn Kultur ist im Prinzip nicht unbedingt etwas Negatives, aber Rousseau ist ein Meilenstein. Er repräsentiert immerhin den nichtanthropozentrischen Standpunkt. In der Antike hatte er als Vorgänger den berühmten Diogenes. Rousseau und Diogenes sind Gegengewichte zu anthropozentrischen Aufklärungsepochen rechne, immer wenn die Schwärmerei vom Menschen überhand nimmt.

Otto Theobald. Rousseau hatte nicht das Problem der Giga-Menschheit und nicht das der der Öko-Pathologie. Übervölkerung war kein Thema

Rüd Brück.. Er spürte das Problem Mensch - Natur, als in Frankreich die Mode entstand, alles zu gestalten und zuzuschneiden, die Hecken, die Bäume, die Hundeohren, die Pferdeschwänze.

Otto Theobald. Jedenfalls steckte hinter solchen Gegengewichten zur Menschenwelt schon die Ahnung eines biologischen Gleichgewichts.

Rüd Brück. Das weiß ich nicht. Ich bin kein Philosophiehistoriker. Man hatte ja keine Ahnung von den komplexen Vorgängen in der Ökologie und konnte daher auch nicht abschätzen, welche Bevölkerungsdichte sich eine Art erlauben darf.

Wolfgang Rupprecht. Das ist ja heute noch schwer. Deine fünfzig Millionen sind auch nur eine Zahl, damit man eine hat.

Rüd Brück. Nicht so ganz! Es gibt Anhaltspunkte dafür. Eine Population, und zwar ihre Dichte, muß im Gleichgewicht zu allen anderen stehen. Das Gleichgewicht der unberührten Natur wird am besten mit dem Gleichgewicht einer Kugel beschrieben, die in einer Schale mit rundem Boden liegt. Entfernst du sie ein wenig vom tiefsten Punkt - das entspricht der Störung des biologischen Gleichgewichts - so rollt sie wieder zurück und pendelt um den Mittelpunkt herum. Das System ist stabil. Entfernst du sie aber zu weit, wie unsere Kultur es heute infolge der überhöhten Populationsdichte tut, so fällt sie aus der Schale heraus und kehrt nicht mehr zurück. Das Gleichgewicht ist dann nicht mehr *gestört*, sondern *zer*stört.

Otto Theobald (freut sich). Ich finde es nützlich, wenn man dem komplizierten biologischen Geschehen mit einem einfachen physikalischen Gesetz beikommen kann.

Wolfgang Rupprecht. Und so kommst du auf fünfzig Millionen. Aber muß eine so kleine Menschheit überhaupt noch Kultur haben? Kann die denn nicht zum Inselleben in der reinen Natur zurückkehren? Die Insulaner im Pazifik waren zufriedene Menschen.

Rüd Brück. Oberflächlich gesehen, müßte der Mensch zum alten Gleichgewicht zurückkehren, denn wie auch Freud in seiner Schrift „Das Unbehagen in der Kultur" korrekt erkannte, hat die Kultur keinen Gewinn gebracht. In der Natur leben die Menschen bei einander und brauchen zum Beispiel kein Telefon für ihr Glück. Kultur ist also überflüssig. Ich habe früher auch so argumentiert. Aber dazu ist etwas zu ergänzen. Ich glaube heute, wir müssen sehen, daß ein Wesen, dessen Gehirn sich so hoch entwickelt, daß es schließlich von geistigen Vorstellungen, Idealen und Planungen lebt, die es in der Natur nicht gibt, daß ein solches Wesen ein ganz anderes Lebensglück vor Augen hat. Es setzt sich, um unbehelligt zu sein, ein Ziel von universalem Ausmaß: Die Loslösung von den ökologischen Gesetzen. Ein Ziel, das auf allen Planeten in den Unendlichen Ordnungen zur typischen Entwicklung des Lebens gehören dürfte.

Wolfgang Rupprecht (prustet laut). Das ist aber wieder eine schwerwiegende These!

Rüd Brück. Das Gehirn mit seinen hochfliegenden Ideen will aus dem reinen Utilitätssystem der Biosphäre herauskommen, das nur die Ernährung sichert. Die Biosphäre ist ihm geistig zu eng. Es will in gedankliche Weiten gelangen, will höhere Freiheiten, sowohl zum Verstehen des Mitmenschen als auch zum Erfassen des Alls und der Unendlichkeit. Das Gehirn will sich im Bewußtsein des unendlich Großen und des unendlich Kleinen bewegen und mit diesem Weitblick seine angeborenen Lebensfreuden erweitern und vertiefen. Es will sie kultivieren. Es geht ihm weniger um das Telefon als Mittel zu einem Glück, das allen Tieren sowieso gewährt ist. Es geht ihm mehr um Ideale, in denen es Motive findet.

Wolfgang Rupprecht. Was heißt da aber überhaupt „Loslösung"?
Der Mensch kann sicher nicht auf seine eigene biologische, komple-
xe Natur verzichten.
Otto Theobald. Insbesondere nicht auf seine Instinkte.
Rüd Brück. Das Loslösen von der Ökologie ist jedenfalls um uns
herum in vollem Gange. Wir erleben die Verselbständigung
momentan zum Beispiel an der Automatisierung des Lebens, das
dadurch immer weniger Ökologie braucht. Wer lebt heute noch im
Urwald! Begonnen hat die Loslösung vor drei und mehr Millionen
Jahren, als der Hominide Mensch die Löwen mit Steinen verjagte
und sein Zelt mit einem Zaun umgab.
Wolfgang Rupprecht. Wenn du es so sehen willst, dann fällt mir
unser Kunststoffzeitalter ein, das zunehmend keine Ressourcen mehr
braucht.
Rüd Brück. Gerade darin äußert sich gegenwärtig das Fortschreiten
des Loslösungsprozesses auf breitester Grundlage. Die Entwicklung
begann streng genommen schon vor sechs Millionen, weil ja heutige
Schimpansen, deren Stufe wir vor sechs Millionen Jahren innehatten,
Stöcke als Werkzeuge benützen können.
Otto Theobald. Seitdem geht es stufenlos immer weiter. An scharfe
Zeitmarken, an Entwicklungssprünge zu glauben, von denen ab der
Urmensch zuerst mit Steinen warf, dann das Feuer oder den Faustkeil
erfand, war einmal Mode. In der vorgeschichtlichen Zeit hatte alles
seine lange Entwicklung: Zuerst wurde Jahrhunderttausende lang
Feuer aus Blitzschlägen gewonnen. Dann wurde allmählich das
Feuerhüten zur Praxis. Das dauerte wieder Jahrhunderttausende.
Und dann gab es innerhalb von weiteren Jahrhunderttausenden end-
los viele Versuche, Feuer mit Funken zu erzeugen. So nahm der
Prozeß sehr langsam seinen Lauf.
Rüd Brück. Da im Regal liegt ein Faustkeil. Er wurde in der Wüste
von Marokko gefunden und dürfte hunderttausend Jahre alt sein.
Wolfgang Rupprecht. Zeig mal her.
Rüd Brück. Dieses Werkzeug ist über eine Million Jahre lang kaum
weiterentwickelt worden. Vergleiche damit aber den gegenwärtigen

Wandel!
Wolfgang Rupprecht. Die heutige Geschwindigkeit ist riskant.
Rüd Brück. Während das Gehirn über sein rein ökologisches
Programm hinauswuchs, um sich außerhalb der Ökologie zu bewegen, bemerkte es als erstes eine Menge unerklärlicher Dinge.
Es kannte sich in den physikalischen Gesetzen des Himmels nicht
aus, und erst recht nicht in der komplizierten ökologischen Verka-
belung der Welt. Also mußte es sich geistig verirren. Die erste Konsequenz des Denkens war der Irrtum, und auf dieser frühen Stufe
sind wir lange geblieben. Heute löst sie sich auf. Und das ist eben
bestimmt eine normale Entwicklung auf allen Planeten.
Wolfgang Rupprecht. Eine Frage, die sich hier nebenbei doch auch
einmal stellt: Ist das Sein so angelegt, daß nicht die Galaxien, nicht
das Lichtermeer des Sternhimmels, sondern das Leben und das
Gehirn seinen höchsten Gipfel bildet? Ich sage es noch anders: Sind
die Sterne nur dazu da, daß sich Leben und daraus wiederum ein die
Welt erkennendes Leben bildet?
Rüd Brück. Ja. Das dürfte die Zielsetzung des Seins überhaupt sein.
Das kann ich dir erklären, aber vielleicht ein andermal.
Wolfgang Rupprecht. Nur einen kurzen Hinweis, einen kleinen
Tip?
Rüd Brück. Man kann ja mit dem Urprinzip zeigen, daß das einzige,
was das ganze Sein umfaßt und zugleich allem Sein zugrunde liegt,
das Ich ist. Das führt zu der Vorstellung, daß diejenigen zahllosen
Sterne, die kein Leben auf ihren Planeten hervorbrachten, nichts sind
als Totgeburten der Sternentwicklung, Schrott der Milchstraßen.
Parmenides hat zu der Überzeugung, daß das Sein auf das erkennen-
de Leben abzielt, bereits mit seinem berühmten Satz „Denken und
Sein ist dasselbe - το αυτο εστιν το νοειν τε και το ειναι" den
Grundstein gelegt.
Wolfgang Rupprecht. Das ist eine Brück'sche Textversion. Exakt
heißt es nämlich: „το γαρ αυτο νοειν εστιν τε και ειναι "
Rüd Brück. Du nimmst es aber sehr genau.
Wolfgang Rupprecht. Ich habe griechische Texte immer genau

genommen. Überhaupt die alten Sprachen. Altphilologe bin ich
freilich keiner. Leider. Ich kenne nicht alles.

Otto Theobald. Der Verstand (das νοειν) muß sich nur eben einen
herben Einwand gefallen lassen: Wenn das Gehirn Ziel der Universen ist, ein ontologisches Ziel, sollte es eigentlich doch unfehlbar
arbeiten. Wenn sich das unendliche Sein zu einer so grandiosen
Entwicklung bereit fand, warum inszeniert es dann eine so grauen-
volle Tragödie wie die Öko-Pathologie mit ihren innerkulturellen
Folgen wie Hunger, Seuchen, Kriminalität?

Rüd Brück (verzieht schmerzlich das Gesicht). Eine schwierige
Frage. Du erinnerst mich an die „Theodizee", die Rechtfertigung
Gottes. Die Antwort liegt vor allem darin, daß du hier auf unserer
Erde einen negativen Einzelfall vor dir hast, dem auch unendlich
viele gegenüberstehen, die anders verlaufen, positiv, ohne Katastrophe. So weit die Statistik. Und dann gibt es aber noch eine revolutio-
näre Vermutung, die ich mich bisher scheue zu diskutieren:
Daß unsere ökologische Katastrophe nämlich angesichts des identi-
schen Weiterlebens aller ihrer Opfer in den Unendlichen Ordnungen
nicht mehr bedeutet als ein Mückenstich.

Wolfgang Rupprecht. All das schaurige Geschehen, die Ausrottung
der Mammute und der vielen anderen Großtiere, und die Kriege?
Das ist wohl keine Lösung.

Rüd Brück (zuckt mit den Schultern). Wahrscheinlich müssen wir
einen radikalen Optimismus ausrufen. Denn es kann uns noch so
schlecht gehen - nach dem Tod folgt für das Ich, das in den Unendlichen Ordnungen unauslöschlich übrigbleibt, immer eine entschei-
dende Verbesserung der Lebensumstände. Es ist nicht auszuschließen, daß jedes Tier nach dem Tod seines Körpers direkt in den nächst
besseren Zustand der Evolution wechselt, der heutige Mensch aber
mit einem einzigen Schritt gleich in jenes ideale Leben des
Zukunftsmenschen, von dem wir im Grunde genommen soeben
sprechen, wenn wir uns über die Loslösung der Kultur vom Ökosystem Gedanken machen. Denn findest du nicht, wir stehen gegenwärtig nahe vor diesem finalen Zustand. Alles, was in den Wünschen

des Ichs auftaucht, sobald der Körper stirbt, ist Bestandteil des Zu-
standes nach dem Tod des Körpers. Da kannst du in der Novelle
„Die Liebe und die Ewigkeit" Detail nachlesen.

Otto Theobald (zu Wolfgang Rupprecht). Also kurz-systematisch
zusammengefaßt: Der Mensch schafft sich - in allen Universen -
irgendwann eine künstliche Umwelt, die so funktioniert, daß das
Ökosystem von der Kultur entlastet wird, und gibt dieser weitgehend
selbständigen Kultur ein eigenes inneres Gleichgewicht, indem er sie
vollkommen automatisiert. Alle Arbeit wird dann der Datenverar-
beitung übertragen.

Rüd Brück. Vollkommene Automatisierung heißt, daß sich die
Automatisierung selbst absichert. Wenn die Waschmaschine kaputt
ist, repariert sie sich selbst.

Otto Theobald. Die Waschmaschine wirst du kaum wiedererkennen.

Wolfgang Rupprecht. Das ist klar. Ohne eigene Regelkreise, wie in
der Biologie, würde die Vollautomatisierung nicht klappen. Wenn
Regelkreise so wichtig sind, werden sie die Aufgabe der nächsten
High-Tech-Generation sein. Da kommt noch was auf uns zu! -
Aber laßt mich etwas anmerken. Angeregt durch eure komfortable
Unsterblichkeitslehre beschäftigt mich etwas. Insgesamt herrscht ja
in der Natur das Fressen und Gefressenwerden vor. Um den Feinden
im Meer zu entfliehen, haben deshalb anfangs viele Lebewesen das
Land besiedelt. Hauptsächlich deshalb. Als es dort so weiterging,
begannen schließlich einige zu fliegen. Die Eroberung der Luft war
eine Flucht vor den Gefahren auf dem Erdboden. Aber die Raubtiere
folgten ihnen in die Lüfte. Andere Beutetiere wurden lieber so groß,
daß alle Räuber vor ihnen kapitulierten. Die Wale etwa. Die endgül-
tige Flucht aus der Nahrungskette gelingt aber erst dem Menschen,
der für ein Beutetierdasein zu sensibel geworden ist und das Problem
nun geistig löst. Wie ihr sagt, er trennt sich vom Ökosystem als Gan-
zem so weit, daß sein Idealismus nicht mehr wegen des Gefressen-
werdens vernachlässigt werden muß. Immer neue Wege wurden in
der Evolution beschritten und verraten uns heute, daß schon das einfache Tier den Blick voraus auf eine Idealwelt richtet, in der es nicht

mehr zum Nährstoffvorrat anderer zählen muß. Aber erst wo das
Gehirn menschliche Dimensionen erreicht, gelingt die Rettung, die
kein Raubtier mehr verhindert - außer im Moment der Mensch selbst,
der noch nicht sapiens ist, sondern, wie die Wirtschaftswelt beweist,
einstweilen noch über seine Artgenossen herfällt.

*

Otto Theobald (gähnt und schaut auf die Uhr). Großartige Vorstel-
lungen. Aber es ist schon drei vorbei.
Rüd Brück. Schon?
Wolfgang Rupprecht. Ich habe trotzdem noch eine abschließende
Frage.
Rüd Brück. Dann mache ich uns jetzt einen Kaffee.
Otto Theobald. Der kommt gerade recht.
Wolfgang Rupprecht. Nach dieser Frage gehe ich dann heim. Sie ist
die folgende. Wie ich habe einsehen müssen, ist die Menschheit also
in eine öko-pathologische Situation geraten, und die Wiederherstel-
lung des Gleichgewichts, sozusagen die Genesung der Biosphäre,
wird dadurch, daß sich die Menschheit zum Beurteilen ihrer Lage an
alte Mythen hält, unmöglich gemacht. Das ist wohl das Ergebnis
unserer Unterhaltung.
Rüd Brück. Ja. Eines davon.
Wolfgang Rupprecht. Auf welche Weltordnung läuft das aber nun
alles hinaus? Wir reden zwar von einer Loslösung aus dem Ökosystem und automatisierter Gleichgewichtserzeugung innerhalb der
Kultur, und von der Fusion der Religionen auf der Basis des Urprinzips. Nach welchen konkreten Gesetzen wird die Menschheit aber
leben?
Rüd Brück. Da gibt es ein paar Antworten.
Wolfgang Rupprecht. Wir haben im zwanzigsten Jahrhundert nach
horrorartigen Fehlschlägen - ich nenne sie mal schlicht Experimente
- eine freiheitliche, multikulturelle, tolerant-religiöse und von
Menschenrechten geführte Kultur aufgebaut, an der schon viele

Völker teilhaben. Welche ihrer Errungenschaften, welche ihrer Werte
können wir verwenden, um die zukünftige Weltordnung zu optimie-
ren? Die erotische Spaßgesellschaft? Oder die Technokratie der
Spezialisten? Oder die Bildungsgesellschaft?

Rüd Brück. Eine Mischung aus allem.

Wolfgang Rupprecht. Oder fallen wir in eine Welt zurück, in der
die Natur wieder keine Aussichten mehr haben wird, und wo erneut
Mythen und ad-hoc-Ideologien den Weg verbauen?

Otto Theobald. Manchmal fürchte ich, daß es so kommt.

Rüd Brück. Das letztere ist nicht zu überblicken. Ich will mal so
sagen: Die momentane Kultur ist bereits, wie ein Embryo, mit allen
erforderlichen Anlagen ausgestattet. Es müssen eben nun die Glied-
maßen dieser künftigen Weltordnung daraus erwachsen, und wie die
aussehen, müssen wir im einzelnen abwarten.

Otto Theobald. Aber vieles können wir auch vorausahnen.

Wolfgang Rupprecht. Das ist durchaus möglich. Mir geht es auch
um die knifflige Frage, ob die Menschheit geradlinig mitmacht.
Wenn die Meinungsverschiedenheiten so wie heute weitergehen,
wo über alles ewig palavert wird, entsteht eine Mißgeburt.

Otto Theobald (lacht).

Wolfgang Rupprecht. Lach nicht! Platons Staatsidee war eine.
Sie ist hint und vorn gescheitert. Ihre Restriktionen waren ein Miß-
griff, und sie gilt als Modell der Unmenschlichkeit. Über Unmensch-
liches hat uns das zwanzigste Jahrhundert Lektionen erteilt.

Rüd Brück. Moment! Platons Staat ist ein hoch interessanter
Entwurf gewesen, und er ist tatsächlich der ideale Staat überhaupt.
Allerdings für Termiten und Ameisen, nicht für das Wesen Mensch.

Wolfgang Rupprecht. Du bist lustig.

Rüd Brück. Vor allem den Termitenstaat trifft Platon exakt, obwohl
er freilich die Insektenstaaten gar nicht kannte. Termiten, Ameisen,
Bienen erfüllen, mit gewissen Variationen, die Bedingungen Platons.

Wolfgang Rupprecht. Man hört in diesem Hause öfter mal was
Neues.

Rüd Brück. Du fragst mich vielleicht zu viele Einzelheiten. Ich weiß

zum Beispiel beim besten Willen nicht, wie Platon dazu kam, sich
einen perfekten Termitenstaat auszudenken. Er hatte aber recht,
seinen Staat den idealen zu nennen. Lediglich seine Empfehlung für
den *Menschen* scheiterte. Zu Platons großer Überraschung machte
der Mensch einfach nicht mit. So sehr das System theoretisch jedem
einleuchtete - keiner wollte es. Der Tyrann von Syrakus, Dionysios,
ließ ihn verhaften.
Wolfgang Rupprecht. Er wandte sich also nur an die falsche Adres-
se. Ich verstehe. Platon wußte nicht, was Insekten und Säugetiere
phylogenetisch unterscheidet.
Rüd Brück. Es sind unsere sozialen Instinkte. Sie passen nicht zu
dem Entwurf. Die Termiten haben ganz andere.
Wolfgang Rupprecht. Wie sollten auch Insekten und Säuger gleiche
soziale Instinkte haben!
Rüd Brück. Genau das ist es. Menschen sind instinktive Kleingrup-
penwesen. Termiten und Ameisen sind instinktive Massenwesen.
Die Massengesellschaft zu organisieren, bräuchte der Mensch andere
Erbanlagen, als sie für die Kleingruppe erforderlich sind. In der
Kleingruppe beruht das soziale Verhalten wesentlich auf dem
persönlichen Kennen und damit auf der Auseinandersetzung mit der
Person. In der Massengesellschaft ist persönliches Kennen nicht
gefragt und so ziemlich ausgeschlossen. Das meiste läuft anonym.
Du kannst in der Massengesellschaft nicht einmal hundert Menschen
ausreichend kennen. Kennen heißt nämlich, ihre Verhaltensnuancen
voraussehen.
Wolfgang Rupprecht. Ganz richtig.
Rüd Brück. Deshalb funktioniert das bei den Termiten anders.
Dort gibt es kurzerhand keine Persönlichkeit, keine Namen, keine
Rangordnung, keine Könner und Nichtkönner, alle sind gleich
leistungsstark. Man erkennt den andern an gewissen Duftstoffen, die
aber nur die Zugehörigkeit zum Staat signalisieren, vielleicht auch
noch zu Teilen des Staates. Mehr nicht. Leben in der Masse funktioniert prinzipiell anonym, und die Termiten haben das beherzigt.
Otto Theobald. Während der Mensch sich damit herumschlägt und

Anonymität nicht ertragen kann . . .

Wolfgang Rupprecht. . . . ist die Anonymität der Termiten in den Genen geregelt . . .

Rüd Brück. . . . das heißt, Namenlosigkeit ist dort normal. Und so ist die Termite - auch die Ameise und die Biene - an der Masse orientiert. Der Mensch nicht. Offenbar hat Platon intuitiv geahnt, wie eine große Menschenmasse organisiert sein müßte: „Ideal" ist dort nur eine Organisation, die alle Individuen gleichschaltet, alles Individuelle ausschaltet.

Wolfgang Rupprecht. Der einzelne Mensch bekommt von der Gesellschaft ja tatsächlich gleich einmal bei der Geburt eine Niemand-Nummer, auch sein Name ist nichts anderes als ein alphabetischer Listenplatz. Bei den Behörden beschwert er sich sein Leben lang vergeblich über seine öffentliche Namenlosigkeit. Im privaten Bereich ist dafür die Paßnummer überflüssig.

Rüd Brück. Der Platonische Staat sollte immerhin die 100 000 Einwohner von Athen organisieren. Schon diese Zahl war dem Menschen instinktiv unzugänglich. Für die Massen von heute hat er erst recht kein Ohr. Sonst würde er zum Beispiel jeden gesparten Euro zum Finanzamt tragen, statt ihn vor dem Staat zu „retten", der das Geld, was er überhaupt nicht nachfühlen kann, zum Nutzen unbekannter Artgenossen einsetzt. Die Termite würde vor Freude hüpfen, dürfte sie Steuern zahlen. Korruption, Geldwäsche, Unterschlagung bringen in unserer Massengesellschaft nicht selten ans Licht, daß sich auch Beamten und Spitzenpolitiker mit den Notwendigkeiten des Gemeinwohls schwertun und lieber ihre Kleingruppenkämpfe finanzieren als die Anonymität.

Wolfgang Rupprecht. Also ein Beleg, daß die Natur ethische Ideale fixieren kann, und zwar genetisch sicher. Das fällt auf, denn der ökologisch Unkundige traut Ideale nur der spekulativen Philosophie zu. Will er massengesellschaftliche Ideale praktizieren, wie den Kommunismus, dann geht das grad eben mal mit Gewalt siebzig Jahre lang gut. Karl Marx hatte einen ähnlich rigorosen Staat vorgeschlagen wie Platon, nur etwas weniger insektenhaft, aber doch auch nicht realisierbar. Denn er unterdrückte den Individualismus.

Rüd Brück. Du siehst völlig richtig, daß die Natur Ethik zu verwirklichen vermag. Sie steht uns an Intelligenz nicht nach, wenn es auch eine besondere Intelligenz ist. Es gibt sie, die ökologische Ethik, aber sie ist keine erfundene.

Otto Theobald. Ich warne nicht umsonst immer vor der Intelligenz des Ökosystems, das sich in schwierigsten Situationen selbst zu helfen weiß, besonders wenn es um die Beseitigung einer Öko-Pathologie geht.

Rüd Brück. Der Mensch kann die Massen-Ethik der Ameisen nur mit dem Intellekt nachahmen. Er fühlt sich dabei nicht wohl, wenngleich ihn manches in der Massengesellschaft anzieht, denn die Masse reizt zum Beispiel seine Neugier, die ebenfalls ein Instinkt ist, und derartige positive Wirkungen überlagern sich den nachteiligen, so daß man auch immer irgendwie Gründe hat, vom geborenem Massenwesen Mensch zu reden. Die Gründe stimmen, nur sind sie nicht der vollständige Satz aller Gründe.

Wolfgang Rupprecht. Trotzdem haben sich die meisten Stadtmenschen an die Masse gewöhnt. Nicht nur Neugier wird befriedigt. Konsum und Partnerwahl werden erleichtert. Du findest überall ein großes Waren- und Freizeitangebot. Man ist soweit recht zufrieden.

Rüd Brück (lacht). Beobachte mal, wie sie fremd an einander vorübergehen. So als gäbe es die andern nicht. Man schirmt sich nicht aus Feindschaft gegeneinander ab, vielmehr ist man überfordert, jeden Vorbeigehenden persönlich zu behandeln.

Wolfgang Rupprecht. Mißversteh` mich nicht. Ich will den Menschen nicht als Termite darstellen. Ich will nur darauf hinweisen, daß in einer Großstadt die ständige tägliche Abwechslung begrüßt wird.

Rüd Brück. Schaust du aber genau hin, leben alle doch in Privatwohnungen mit Vorhängen und Schlössern an den Türen. Kontakt mit Unbekannten ist, im Verhältnis zur Menschenzahl, spärlich. Kontakte müssen mühevoll aufgebaut werden, zerbrechen leicht.

Wolfgang Rupprecht. Aber wir sind damit immer noch nicht beim Staat Platons. Wir sollten zuerst über seine Einzelheiten reden!

Rüd Brück. Also gut, jetzt zu Platons Staat. Dort werden geistige
Freiheit und Individualität des Wesens Mensch zu einer Art Sklave-
rei eingeschmolzen. Alles wird dem Wohl der Masse geopfert.
Das Wohl des Staates gilt als einzig wahres Wohl des Menschen.
Der Mechaniker soll nichts als Mechaniker sein, der Soldat nichts als
Soldat. Freie Interessen, persönliche Entfaltung, kurz einen Indivi-
dualismus gibt es nicht. Wie bei den Insekten. Dazu kommt noch die
Lösung der strukturellen Probleme durch ein Dreiständesystem.
Platon fordert die Gliederung in Arbeiterstand, Soldatenstand und
Stand der Regierenden, so wie die Termiten es perfektioniert haben,
als wäre es eine Kopie.
Wolfgang Rupprecht. Findet man in den Kommentaren zu Platon
keinen Hinweis auf die Insekten?
Rüd Brück. (schüttelt den Kopf).
Otto Theobald. Da wäre ich nicht so sicher. Es gibt unendlich viel
Literatur über ihn.
Rüd Brück. Wenn Platonforscher diskutiert hätten, daß Insekten
genau die platonische Gliederung verwirklichen, wäre die
Studie schon breit in der Öffentlichkeit kommentiert worden,
denn eine solche Studie begründet immerhin eine profunde
Gesellschaftsanalyse.
Otto Theobald. Ich vermute, daß der Vergleich nicht neu ist,
daß er aber nur nicht aufgegriffen wird.
Wolfgang Rupprecht. Das ist möglich.
Rüd Brück. Es wird sich herausstellen, denn diskutiert werden muß
er ohne Wenn und Aber. Er entscheidet über unsere Zukunft!
Wolfgang Rupprecht. Ja, in der Diskussion des Platonischen Staa-
tes tritt die ganze Problematik der Öko-Pathologie zutage.
Otto Theobald. Je größer der Insektenstaat, desto ausgeprägter das
Dreiständesystem, desto deutlicher die Widerstände seitens der
menschlichen Kleingruppeninstinkte. Desto größer also der Konflikt
des Systems mit der Natur des Menschen.
Rüd Brück. Das Königspaar mit seiner Fortpflanzungsaufgabe,
Soldaten und Arbeiter entsprechen prinzipiell den Platonischen

Ständen, nur will Platon sie mit Vernunft gewaltsam durchsetzen, während sie bei den Insekten ja Wunschziele sind. Der heute um sich greifende Individualismus, der schon staatliche Einrichtungen gefährdet, die auf der Solidarität der Massen beruhen, spiegelt die Erfolglosigkeit einer gewollten Wesenswandlung beim Menschen wider. Ihn deutet man fälschlich als eine nur mutwillige Staatsverdrossenheit, weniger als Staatsmüdigkeit. Erst mit Blick auf Platons Idealstaat versteht man, was vor sich geht.

Wolfgang Rupprecht. Demnach wären manche unserer unlösbaren Erziehungsprobleme, auch Mißerfolge der Schulen und der Strafjustiz, durch die Unfähigkeit des Menschen zu erklären, sich der Masse wie ein Insekt zu beugen. Auch das ist offenbar ein indirektes Indiz, daß wir zu dicht aufeinander sitzen.

Otto Theobald. Wir sind nicht absolut zu viele, sondern die Erde ist zu klein, die Fläche.

Rüd Brück. Selbst bestmögliche Konzepte, wie bei uns das Grundgesetz, können allein mit Appellen und gutem Zureden den immer deutlicher werdenden Individualismus nicht eindämmen. Der Staat hält daher ja auch Gewalt für natürlich: Unsere Gesellschaftsordnung spricht wenig sanft von der „Gewalten"teilung. Obwohl sie Gewalt abbauen möchte.

Otto Theobald. Nun, ja, damit kein Chaos ausbricht, darf man in der menschlichen Massengesellschaft nicht auf Strafe verzichten.
Das akzeptieren wir erst dann mit Feingefühl, wenn wir die Ursache kennen.

Rüd Brück. Ein Beispiel: Der Termitensoldat trägt seine Waffe als Organ bei sich, und zu dem Organ gehört die Lust, es zu gebrauchen. Die Kampfeslust kommt von innen, nicht als Befehl von außen.
Der Mensch aber versucht, wo immer ihm die Chance winkt, den Kriegsdienst zu verweigern. Er hat keine Lust, für die anonyme Masse zu kämpfen.

Wolfgang Rupprecht. Das war schon immer so.

Otto Theobald. Nur beweisen können wir es nicht mehr.

Wolfgang Rupprecht. Doch, es gab sogar schon zu Beginn des

Trojanischen Kriegs zwei berühmte Kriegsdienstverweigerer.
Keine geringeren Heerführer als Achilles und Odysseus, der später
Troja zu Fall brachte, waren Kriegsdienstverweigerer. Odysseus
stellte sich blöd. Erst durch einen Trick überführten sie ihn. Und
Achilles, der gewaltigste Krieger, tauchte in einer Mädchenschule
unter. Sie suchten ihn lange vergeblich. Als das Gerücht umging, daß
er in einem Mädcheninternat steckt, wurde er von Odysseus . . .
Otto Theobald. . . . hehehe . . .
Wolfgang Rupprecht . . . erwischt.
Otto Theobald. Wie hat der das gemacht?
Wolfgang Rupprecht. Er stattete dem Internat einen Besuch ab und
brachte den Schülerinnen Perlenketten, Armreife, Anhänger, Ringe
mit, aber darunter war auch ein wunderschönes, mit Edelsteinen
besetztes Schwert. Ein besonders großes Mädchen griff gleich nach
dem Schwert. Und da hatte er ihn.
Otto Theobald. Das klingt, wie wenn es wirklich so gewesen wäre.
Wolfgang Rupprecht. War es auch. - Wo waren wir stehen geblieben?
Otto Theobald. Bei der Kriegsdienstverweigerung.
Wolfgang Rupprecht. Nein vorher.
Rüd Brück. Es ging um die Gesetzgebung. Während in Platons Staat
die Regierung nur scheinbar ideale Gesetze ausgibt - ideal für den
Staat, nicht ideal für den Menschen -, haben wir im Insektenstaat
etwas Ideales ohne Einschränkung. Auch dort gibt das sogenannte
Königspaar Gesetze aus. Aber das Gesetzbuch besteht aus Desoxyri-
bonukleinsäure, seine Buchstaben sind Aminosäuren, das Archiv ist
der Zellkern, und die Regale im Archiv sind die Chromosomen.
Nur so ist das Gesetz ideal für den Staat *und* für den Einzelnen.
Wolfgang Rupprecht. Ich höre das mit wachsendem Interesse.
Für uns wird es also, wenn es nach dem geht, nie einen Massenstaat
geben, auch nicht in der finalen Weltordnung. Aber die fünfzig
Millionen? Sag bloß, daß auch die noch zu viele sind!
Rüd Brück. So einfach ist die Formel nicht. Es ist kaum anzuneh-
men, daß wir jemals etwas anderes sein werden als eine globale

Viel-Millionen-Menschheit. Das werden die Zukünftigen auch nicht anders wollen. Es wird ein Riesenstaat sein. Mit Rücksicht auf die Grundveranlagungen des frei denkenden Menschen darf es jedoch Namenlosigkeit und Rollenzwang nicht mehr geben.

Wolfgang Rupprecht. Ja, aber wie geht das?

Rüd Brück. Die globale Gesellschaft kann keine Staatsordnung haben. Sie wird nur noch ein großes Menschenreservoir sein, aus dem sich die Kleingruppen laufend auffrischen.

Wolfgang Rupprecht. Das ist nicht als Scherz gemeint?

Rüd Brück. Nein. Die kleine Gemeinschaft, in der es persönliche Bekanntschaft und Vertrautheit gibt, muß immer bleiben. Aber man muß sehen, daß die Menschen dann 1. keine größeren Rangordnungsbedürfnisse mehr haben werden und daß sie 2. unbegrenzt leben. Dadurch wird die Gemeinschaft durchlässig. Ein Ehebündnis bis zum Tode mag im kurzen Leben eine idealistische Sache sein. Ist der Alterungsprozeß aber aufgehoben, müssen sich die Personen immer wieder nach einiger Zeit mit anderen Gruppen austauschen. Es kann ja nicht eine Handvoll Menschen unendlich lang zusammenleben. Durch diese Durchlässigkeit der Privatsphäre wird dann die globale Massengesellschaft zu ihrem Recht kommen, ohne Schaden für die Instinkte der Individuen. Wohlgemerkt, nur dann. Das Modell ordnet die Dinge so, daß sich die Diskrepanzen zwischen unserem und dem Termitenstaat aufheben.

Wolfgang Rupprecht. Also eine globale Masse, bestehend aus durchlässigen, familienartigen Gemeinschaften. Ohne Kinder.

Rüd Brück. Fast ohne. Es stirbt ja auch manchmal einer. Unfälle sind nie ganz vermeidbar. Entscheidend ist, daß diese globale Massengesellschaft *nur* aus solchen Familien besteht. Es gibt keine anderen sozialen Strukturen, etwa Berufsverbände, Gewerkschaften, Parteien. Denn es gibt wegen der vollkommenen Automatisierung keine Arbeit im heutigen Sinne, mit der einer seinen Lebensunterhalt verdienen muß, und somit auch kein Konkurrenzdenken. Und das muß so sein, sonst wird erneut Feindschaft und Streit begünstigt. Die Kleingruppen aber, von denen wir reden, sind keine Geheimbürde mehr, wie die Familien heute, sondern offene Gruppen.

Otto Theobald. Man macht heute ein Getöse um den gläsernen Menschen. Was aber wird Menschen dieser Weltordnung noch veranlassen, sich voreinander unsichtbar zu machen. Das Symbol der Ethik, den Hausschlüssel, wird es nicht mehr geben.

Wolfgang Rupprecht (klatscht laut die Hand auf den Tisch). Ihr seid eben doch Kapital-Utopisten, die aus ihrem Käfig ausgebrochen sind.

Rüd Brück. Keine Angst! Du vergißt, daß wir aus Utopie Planung machen, indem wir Entscheidendes hinzufügen: Zum einen das Urprinzip, das Rangordnungen auf rein ökologische Lebensweisen zurückführt, und zum andern die Gentechnologie, die die Reduzierung des Rangordnungsinstinktes beim Menschen ermöglichen soll.

Otto Theobald. Der Rangordnungsinstinkt ist wirklich durch unsere Übervermehrung zum Gift unserer Gesellschaft geworden. Jede Zusammenrottung, jede Randale, jede Rechthaberei in unserer Welt, jeder politische Machtkampf, jeder Geldbetrug und jede täuschende Werbung gehorcht letzten Endes dem Rangordnungsinstinkt, dem Dominanzinstinkt, meist ohne daß es bewußt wird. Er legt Vermögen und Rollen fest, indem er die einen erhöht, die andern erniedrigt und dadurch kränkt, reizt, zur Gewalt verleitet. Auch kleine Kämpfe, wie die Raserei auf den Straßen, das Wetteifern mit Automarken, Namen, Titeln, Kleidern, Wissen - sie alle sind der Versuch, Konkurrenten zu erniedrigen, um die eigene Minderwertigkeit zu kompensieren. Wenn dieser Trieb außer Kontrolle gerät, kann so etwas wie der Zweite Weltkrieg herauskommen. Der barbarischste aller Kriege, vergleichbar nur noch mit Meteoriteneinschlägen kosmischen Ausmaßes, war die Eskalation eines entfesselten Rangordnungskampfes, nachdem die altgewohnte hierarchische Ordnung der Kaiserzeit zerbrochen war und die Menschen eine Führung suchten. Die Menschen suchten instinktiv nach Führung, und die Führung erkannte instinktiv sich selbst.

Rüd Brück. Aber das alles wird ja am Ende weitgehend entfallen.

Otto Theobald. Ja, eine andere Lösung gibt es nicht.

148

Rüd Brück. So präsentieren wir einen neuen Rahmen für die Kulturwelt. Die finale Gesellschaft wird, wenn es keine Hierarchien mehr gibt, dem Menschen geistige Einigkeit gewähren können. Niemand will mehr einen anderen überflügeln.

Wolfgang Rupprecht. Das Ganze soll offenbar zusammengefaßt so aussehen: Absolute Automatisierung macht Geld überflüssig und damit auch Arbeit im Sinne von Geldquelle. Unbegrenztes jugendliches Leben macht die Kleingruppe kinderlos, beseitigt also das Bevölkerungswachstum und das Rentenproblem. Reduzierung des Rangordnungsinstinktes beseitigt Neid, Haß und Herrschaft. Vermutlich müssen wir da aber noch vieles klären.

Otto Theobald (nickt). Zum Beispiel dies: Wenn keiner mehr den andern überflügeln will - geschieht dann überhaupt noch etwas? Grassiert dann nicht gähnende Untätigkeit und Langeweile?

Rüd Brück. Ich glaube, es muß in einer finalen Weltordnung sowieso nicht mehr viel geschehen, anders als heute, wo wir überfordert um die bloße Orientierung ringen, ums Überleben, und noch nicht einmal das Urprinzip eingearbeitet haben, sondern vielmehr gewöhnt sind, daß es gar keines gibt, daß Beliebigkeit herrscht, Konkurrenz, Kampf, Werteunsicherheit. Die bisherige Geschichte der Menschheit mußte zwangsläufig unruhig sein. Die Menschen der finalen Gesellschaft werden sich dagegen kaum mit großen Entwicklungen beschäftigen. Die sind abgeschlossen. Was sie dann noch bewegt, sind aber zwei unerschöpfliche Quellen des Lebensglücks: ihre Mitmenschen und das Wissen um die Welt.

Wolfgang Rupprecht. Du meinst, das genügt ihnen.

Rüd Brück. Hundertprozentig. Wenn es der Biotechnik gelingt, bei allen Menschen die gute Laune zu stabilisieren, die wir Heutigen nur so als gelegentlich vorübergehenden Zustand kennen, dann ja.

Wolfgang Rupprecht. Das wäre das wenigste. Aber entschuldige, Brück, das Modell ist verdächtig einfach, zu einfach, um glaubwürdig zu sein. Man hat den Eindruck, du machst es dir zu leicht mit einer Sache, die extrem kompliziert ist.

Rüd Brück. Nun mal langsam. Leicht mache ich mir die Sache

nicht. Denn zur Verwirklichung gehören ja jene gentechnischen
Erfolge, und das sind Schwierigkeiten. Zur Verwirklichung gehört
die Fusion der Religionen. Das sind ebenso große Schwierigkeiten.
Und es gehört dazu die Rettung der Menschheit vor der ökologischen
Immunreaktion, die wir fürchten. Erst wenn das alles gelungen wäre,
dann wäre die Soziologie allerdings plötzlich sehr einfach und über-
schaubar.
Wolfgang Rupprecht. Das überzeugt mich schon eher. Und die
Sexualität? Der Mensch ist in zwei Geschlechter differenziert, wie
die Termite in vier. Die Sexualität ist ein Faktor. Erotik, als Kultur
der Sexualität, wie ihr es definiert, ist der Massengesellschaft höchst
unwillkommen, weil sie zu viel Privatleben mit sich bringt. Verliebte
vergessen die Arbeit, versäumen die Termine, sie sagen „wozu brauchen wir Geld!" und umarmen sich. Kurz, das Gemeinwohl wird
durch die Differenzierung in zwei Geschlechter weit in die Ferne
geschoben.
Rüd Brück. Da hast du natürlich recht. Erotik ist heute ein weiter
Konfliktbereich. Je intensiver sie das Leben bestimmt, desto mehr
treten gesellschaftliche Aufgaben und Pflichten zurück. Es sind aber
nur die Funktionen der *arbeitenden* Gesellschaft betroffen. Dafür
liefert der Insektenstaat den allerbesten Beweis. Tatsächlich haben
nämlich die Insekten die Sexualität aus ihren Massengesellschaften
völlig herausgelassen.
Wolfgang Rupprecht (sichtlich beeindruckt). Das ist in der Tat ein
Beweis. Einen besseren kann man sich nicht vorstellen.
Rüd Brück. Die Millionen Termiten leben asexuell. Sie müssen
lediglich die Sexualität, um sie auszuschalten, nicht brutal unterdrük-
ken, wie die Menschen, sondern die Ausschaltung besorgen die
Gene. So wie Kinder kein Verständnis für Erotik haben, ist es beim
ganzen Volk der Termiten.
Otto Theobald. Daher dürfen wir doch wohl annehmen, daß in der
jetzigen menschlichen Massengesellschaft der Konflikt mit der
Erotik unlösbar ist.
Wolfgang Rupprecht. Na ja, generell nicht. Gentechnisch könnte

man den Sexualtrieb völlig auslöschen.
Rüd Brück. Darum geht es mir nicht. Die finale Gesellschaft wird
sich dazu nie entschließen, denke ich. Man wird sicher nicht die
beliebteste Lebensfreude und die in sie integrierte Nächstenliebe
zerstören. Eher wird man umgekehrt die heutigen Gegner der Sexualität heilen, sprich korrigieren, die mangels ausreichendem Instinkt
und Trieb nicht verstehen, was der Erotikzauber soll. Wir haben sie
schon erwähnt.
Wolfgang Rupprecht. Das ist wahrscheinlicher. Da gebe ich dir
ohne Einschränkung und Umschweife recht.
Otto Theobald. Die Erotik zu beurteilen, wird in unserer Zeit durch
diese 40 Prozent Gegner sehr erschwert. Sie haben entweder keinen
Sexualinstinkt entwickelt, so wie das ja auch bei Kindern ist, oder sie
haben ihn, weil er schwach entwickelt war, frühzeitig verloren.
Diese große Gruppe findet die Erotik allgemein überspitzt.
Sie sprechen ironisch schmunzelnd von Sexismus und Erotomanie,
wenn sie das heutige Treiben beobachten, und machen sich zu Advo-
katen des Termitenstaates, wenn nur jemand kommt, der eine Ethik
dazu aufstellt.
Wolfgang Rupprecht. Eine Studie darüber kenne ich zwar nicht,
aber vermutlich stimmt das. So wie einige schlecht sehen oder hören,
gibt es doch auch welche, die keine sexuellen Reize aufnehmen.
Otto Theobald. Eyo Roth spricht vom Verlust an „sexueller Bega-
bung". Dabei kommt ihnen, wie er sagt, zu Hilfe, daß die Mehrheit
der übrigen 50 Prozent, die „sexuell begabt" wären, wiederum nur
eine billige Erotik wollen, also keine Beziehungserotik. Vor allem
wollen sie keine Liebe dabei haben. Harte Typen wissen gar nicht,
was das ist, „Liebe", und verspotten sie als „Kuschelsex". Aber die
leider so seltene Liebe bringt erst die ganze Bandbreite der Sexualität
zur Geltung.
Wolfgang Rupprecht. Du kennst dich offenbar gut aus.
Otto Theobald. Die mit der niederen Erotik schätzen wir auf
30 Prozent, so daß von der gesamten Bevölkerung . . .
Wolfgang Rupprecht. . . . im geschlechtsreifen Alter . . .

Otto Theobald. . . . nur 20 Prozent eine höhere Beziehungserotik bevorzugen. Das ist eine Minderheit. Wie viele dabei nur altchristliche Sittlichkeit spielen und so tun, als wären ihnen sexuelle Bedürfnisse unbekannt, ist eine schwierigere Frage. Ich nehme an, das sind relativ viele. Dadurch sind die Zahlenangaben unsicher.

Rüd Brück. Die Erotik braucht, wie gesagt, eine theoretische Kulisse, eine eigene Philosophie. Die gibt es bisher nicht, von Platons „Symposion" abgesehen. Nur zu argumentieren, Sexualität bereite Freude und müsse deshalb praktiziert werden, überzeugt die Gegner nicht, und mich ehrlich gesagt auch nicht, der ich wirklich kein Gegner bin. Freude allein begründet keine ausreichende Philosophie der Erotik, es muß schon auch eine positive Substanz gegeben sein. Das Feld Sexualethik wird bei uns noch ganz von den Altchristen dominiert.

Otto Theobald. Ich habe zusammen mit Eyo Roth die neueste Entwicklung ausreichend verfolgt. Fernsehen und Internet geben recht gute Auskunft über den Stand der Dinge. Swingerclubs und ähnliche Veranstaltungen beweisen, daß die, die nur „Flattersex" wollen, schnell von der Erotik genug kriegen und frustriert sind. Sie wollen nichts mehr von ihr hören, weil sie nicht wahrnehmen, daß Erotik erst in den Regionen der verinnerlichten Beziehung beginnt. Dort gibt es dann die Form der höheren Liebe.

Wolfgang Rupprecht. Hm. Wie hat denn Platon die Sexualität mit der Massengesellschaft vereinbart? Ich erinnere mich, seine Einstellung zur Erotik war uneinheitlich.

Rüd Brück. Vereinbart nur unvollkommen. Es ist eine der auffallendsten Eigenschaften des Platonischen Staates, daß er die Sexualität möglichst heraushält, obwohl Platon im „Symposion" die erotische Liebe zu den höchsten Gütern zählte. Auch er hat irgendwie das Gefühl, daß die Sexualität der Massengesellschaft nicht gut tut. Im ganzen ist das bei Platon aber nicht völlig klar. Er schreibt ja in seinem sogenannten siebten Brief, daß er seine eigene Meinung zu den Fragen der Philosophie nie und nirgends veröffentlicht hat.

Wolfgang Rupprecht. Wenn die Insekten die Geschlechtslosigkeit bevorzugen, und wenn Platon im „Staat“ ganz unabhängig auf dasselbe Prinzip stieß, ist es ernst zu nehmen.

Rüd Brück. Nur konnte er die Sexualität nicht nach dem Insektenmodell auf die Regierungsmitglieder beschränken. Der Mensch kann in seinem Leben nur ein paar Kinder auf die Welt bringen, und wenn nur Regierungsmitglieder Kinder zeugen dürften, wie bei den Insekten, müßte sein Staat aussterben. In dieser durch die Art Mensch vorgegebenen Enge gestattete Platon wenigstens der Arbeiterklasse Familie und Sexualität.

Otto Theobald. Dem Soldatenstand nicht.

Rüd Brück. Nein. Bei den Insekten sind, nachdem die Königin in ihrem Leben Millionen Individuen produzieren kann, auch die Arbeiter geschlechtslos. Du siehst aber, der unfreie Staat Platons ist auch wegen der Absage an die Sexualität für uns ungeeignet. Vergleichst du Mensch und Termite, so findest du den Hauptunterschied in den angeborenen Differenzierungen. Die Menschheit hat keine Arbeiter und Soldaten, sie muß sich so etwas künstlich heranziehen. Dafür gibt es zwei Geschlechter. Das zeigt auch schon wieder, daß eine *ideale* menschliche Sozietät keine Arbeitswelt kennt, dafür aber Liebe. Die finale Kultur zu erhalten, wird Sache der Automatisierung sein. Nur deren reibungslose Funktion überwacht noch der Mensch, aber in kostenloser Freizeitarbeit. Das ist dann so, wie wenn heute die Techniker kostenlos in der Weltraumfahrt arbeiten würden und dafür kostenlos leben dürften. Die Überwachung muß Freizeitbeschäftigung sein.

Wolfgang Rupprecht. Fünfzig Millionen Menschen schaffen das Pensum.

Rüd Brück. Das Gehirn kann dann seinen geistigen Neigungen und Schönheitsideen nachgehen, zu denen auch die Technologie gehören wird, und sich voll und ganz der Weite des Daseins widmen, ausgerüstet mit einem korrigierten Genom, das vor allem die gute Laune stabil hält. Denn wenn man sich nicht freuen könnte, wäre alles umsonst gewesen.

Otto Theobald. Was mir Sorgen bereitet, ist allein das fehlende

Geld. Vorerst brauchen wir Geld und nochmals Geld für die Genforschung. Sonst werden wir insbesondere den Stillstand des Alterungsprozesses nicht erreichen. Rein technisch ist er im Prinzip ja überwindbar. Wolfgang hat mich überrascht mit seinem Hinweis, wenn die Natur dem Elefanten fünfzig, der Maus zwei, und der Schildkröte hundert Jahre gewährt, dann hat sie das in den Chromosomen festgeschrieben und wir müssen das Programm nur finden. Da wäre es bedauerlich, wenn die Verwirklichung an finanziellen Mitteln scheitern müßte.

Wolfgang Rupprecht. Vielleicht geht das „Anti-Aging“ aber von selbst?

Otto Theobald. Du meinst, es geschieht noch ein Wunder?

Wolfgang Rupprecht. Das nicht, aber ich habe da ein Kriterium. Solange Organismen jung sind, reparieren sich ja Verschleißerscheinungen in den Zellen von selbst. Wenn der Organismus das aber kann - warum tut er es im Alter nicht mehr? Und warum bei der Maus schon nach zwei Jahren, bei der Schildkröte erst nach der fünfzigfachen Zeit? Das Höchstalter wird anscheinend von den ökologischen Verhältnissen festgesetzt. Warum aber entwickelt die Natur so ein aufwändiges Extraprogramm? Meine Deutung ist folgende. Der Tod wird überhaupt nur dadurch notwendig, und auch programmiert, daß Beutetiere gefressen werden und daß Raubtiere wegen der Unfall- und Verletzungsgefahr auch keine ewige Lebenserwartung haben. Deshalb müssen also Nachkommen produziert werden. Je größer das Risiko, gefressen zu werden oder einem Unfall zu erliegen, desto mehr Nachkommen, desto kürzer die natürliche Lebenserwartung. Eine Maus ist Futtermittel für viele Tiere. Sie muß sich stark vermehren. Wenn sie nach zwei Jahren immer noch nicht gefressen worden ist, muß sie von selbst abtreten. Dagegen ist der Elefant kein Beutetier für andere. Er muß sich nur deshalb vermehren, weil seine Individuen auf andere Weise umkommen, durch Verletzungen, Durst usw. Das ist seltener der Fall. Die Natur gab ihm offenbar zwischen fünfzig und hundert Jahre Lebenserwartung. So wird der Tod zum ökologischen Programm. Sobald der Mensch

jedoch kein Mitglied der ökologischen Netze mehr ist, wird sich sein
Leben automatisch verlängern, und könnte er sein Unfallrisiko auf
Null herabsetzen, würde die Natur ihn ewig leben lassen.

Rüd Brück. Wenn du damit recht hättest, würde das bedeuten, daß
jedes Individuum prinzipiell von vornherein eigentlich unbegrenzt
leben würde.

Wolfgang Rupprecht. Die Begrenzung kommt überhaupt nur durch
die ökologischen Verhältnisse zustande. Sie wird erst durch sie
erzwungen.

Otto Theobald. Also doch keine Geldnot? Nur fragt sich, wie viel
Zeit die natürliche Umstellung auf Unendlich benötigt.

Wolfgang Rupprecht. Das kann ich auch nicht sagen. Aber ich
möchte die Sache weiterspinnen. Stellen wir uns also einmal vor,
daß jetzt in einigen Jahrzehnten die mittlere Lebenserwartung nur auf
hundert Jahre steigt - oder angehoben wird. Die erbbedingten Krankheiten seien in dieser Zeit allmählich ausgerottet worden. Dem Krebs
ist die Gentechnologie dicht auf den Fersen. Neben dem p53-Enzym
haben zum Beispiel die Biochemiker jetzt auch das p63 und p73 entdeckt. Diese Proteine reparieren Krebszellen, und wenn's nicht mehr
geht, töten sie sie. Bis jedenfalls die dann Achtzigjährigen auf hundert kommen, ist inzwischen die Lebenserwartung schon auf hun-
dertzwanzig gestiegen. Das Lebensende läuft ihnen dann davon.
Unsere jetzt Vierzigjährigen holen es womöglich nicht mehr ein.

Otto Theobald. Wenn die Lebenserwartung unbegrenzt wird - wird
sich der Mensch dann jugendlich erhalten? Wahrscheinlich. Es lassen
sich ja nicht nur die Haut und der Augenausdruck verjüngen.
Wenn die Verjüngung der Hautzellen gelingt, gilt das auch der Reihe
nach für . . .

Wolfgang Rupprecht (erschrickt). . . . aber schaut mal aufs Fenster!
Es ist Tag draußen. Ich wollte noch etwas zur Reduzierung der Welt-
bevölkerung sagen, die der Lebensverlängerung vorangehen muß,
aber ich breche jetzt sofort auf. Ich habe einen Termin. . . .

???

Wie wird der nächste Winter
Wie wird der nächste Sommer

???

Langzeit-Wettervorhersage ist das Ziel
aller Wetterforschung.

In den letzten Jahrzehnten haben Profis immer mehr Gesetzmäßigkeiten im Wettergeschehen entdeckt, die mit einer hohen Trefferquote von oftmals 82 % Langzeitprognosen zulassen. Ivo Brück hat diese Gesetzmäßigkeiten zusammengetragen und in jahrelanger Arbeit beträchtlich ausgebaut. Mit einem Buch, das (fast) alle angeht, hat er jetzt einen Leitfaden geschaffen, der es im Prinzip jedem ermöglicht, die Frage nach dem nächsten Winter und - was leider nicht immer ganz so zuverlässig ist - auch nach dem nächsten Sommer selbst zu beantworten.

Ivo Brück
Meteorologische Langzeitprognosen
84 Seiten, Euro 9,80
Über Amazon, und ab Herbst in jeder Buchhandlung